授業で教えて欲しかった数学⑤

本当は学校で学びたかった数学68の発想

仲田紀夫

68ミ(無闇)に
あわてず
ジックリ思索！

道志洋（どうしよう）数学博士

黎明書房

はじめに

NHKラジオ深夜便「こころの時代」
収録中の著者(2005年3月26日)
——4月14, 15日放送

== 日々の生活や物事の思考で "柔軟な発想" ! ==

　それがなければ，人類はこれほどまでの文化・文明をもつことはなかったであろう。特に最近の日本社会では，大きな変革が進められている。

　長い間，老舗(しにせ)あるいは一流企業として栄えていた商店，デパートや会社，銀行がバタバタと倒産する一方，下町の技術をもった小工場などが急速に発展したり，次々と『ベンチャー企業』が立ちあげられる，といった新時代を迎えているのである。これは，世の中が日進月歩しているため，"伝統にこだわり，守りに入っているところ"は取り残され，必要とされなくなるからで，その一方で，新鮮さが要求されてきている。

　いまや，あらゆる分野，領域で，"柔軟な発想"による革命的なものが求められ，世の活性化へと向かっている時勢に当たり，ここで，本書により学校では学ぶことのない面の"柔軟な発想"の育成法を考えてみることにしたのである。

　その理由は「この"柔軟な発想"のモデルが数学の学習中，シンプルに登場する」し，主題が明快だからである。

　そこで日々の身近な話題，疑問などを素材として取り上げながら，

① 『新数学』の多面利用 ┐
② 柔軟な知的活動   ├ という社会傾向の時代にあって，近未来を見通すこの3ポイント
③ 思考挑戦の"気合い" ┘

による新鮮，ユニーク図書として構成した。

　"問答68"は，「柔軟な発想は無闇(6 8 ミ)にペンをとらず，ジックリ思考すること」の語呂合わせ，と本シリーズ5巻の完結も意味している。

　　2005年6月8日3時(ムヤミ)　記

　　　　　　　　　　　　　　　　　　　　　　著　者

"柔軟な発想"の養成 と脳への"喝"
──アイディアの誕生──

　戦後の日本は,「物資,資源のないわが国では,教育(知恵)に力を入れよ」が合言葉のようになり,"アイディアの必要性"が叫ばれた。

　アイディアは柔軟な発想から生まれるものといってよいであろう。

　そこで「柔軟な発想は,どのように養成されるか」を分析してみると,下のような各場面があることを,私は見出したのである。

　本書では,これら16のタイプをベースにして,身近な疑問,興味事項の発見とその解決に挑戦してみることにしよう。

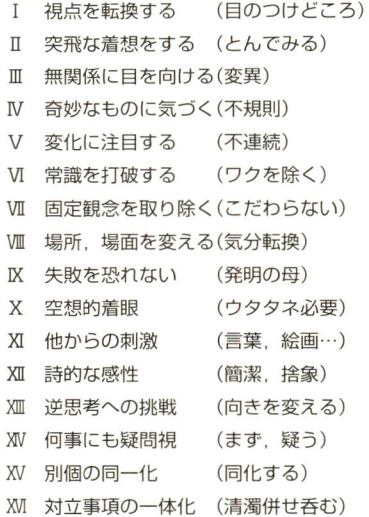

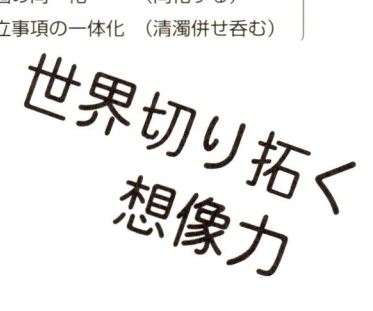

Ⅰ	視点を転換する	(目のつけどころ)	
Ⅱ	突飛な着想をする	(とんでみる)	
Ⅲ	無関係に目を向ける	(変異)	好奇心
Ⅳ	奇妙なものに気づく	(不規則)	(思いつき)
Ⅴ	変化に注目する	(不連続)	
Ⅵ	常識を打破する	(ワクを除く)	
Ⅶ	固定観念を取り除く	(こだわらない)	現状否定
Ⅷ	場所,場面を変える	(気分転換)	(前へ!)
Ⅸ	失敗を恐れない	(発明の母)	
Ⅹ	空想的着眼	(ウタタネ必要)	
Ⅺ	他からの刺激	(言葉,絵画…)	
Ⅻ	詩的な感性	(簡潔,捨象)	意識革命
ⅩⅢ	逆思考への挑戦	(向きを変える)	(変化へ)
ⅩⅣ	何事にも疑問視	(まず,疑う)	
ⅩⅤ	別個の同一化	(同化する)	
ⅩⅥ	対立事項の一体化	(清濁併せ呑む)	

"柔軟な発想"の養成　と脳への"喝"

発想──アイディア──ヒラメキ

柔軟な頭脳からの貴重な脳活動は，上の連鎖をもっている。

"発想の場"──創造力の泉の水源地はどこにあるのか？

古代中国の文章家として有名な"唐宋八大家"の１人**欧陽脩**（11世紀）は，「文章を作るのに最もよく考えがまとまる場所」として，"三上"をあげていた。

三上とは鞍上，枕上，厠上のこと。千年も前の人が，よくぞ現代にも通用することを言ったものと感心する。

私が埼玉大学附属中学校長時代に中学３年生全員へ下の問題を出した。その結果は……。

香港市内のトイレ
いまも"厠"の文字が見える

> **問**　星形の５つの角の和を求めよ。また，その解法を発想した場所を書け。

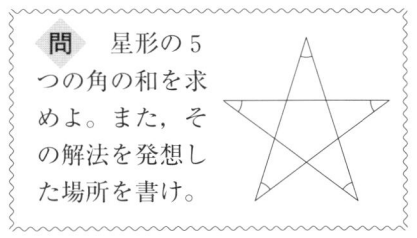

(1) 解法は７種類（細かくは31タイプ）。

(2) 発想（ヒラメキ）の場所は右表のようで，いろいろあった。全体として，少々ながら"三上"（★印）もある。（複数回答。）

一方「ヒラメカない」という生徒がいるのも注目に値する。

ヒラメキの場所

(1)	机の前	137人
(2)	学校（他教科，他）	26人
(3)	家　茶の間	32人
	★フトンの中	9人
	食事中	8人
	入浴中	6人
	★トイレ	6人
	ラジオ・テレビ	4人
		計65人
(4)	その他　歩いて	2人
	★バスの中	2人
		計4人
(5)	ヒラメカない	8人

> ニュース

学校数学 $\begin{pmatrix}教科書\\受\ \ 験\end{pmatrix}$ を超えた "数学力"

　学校での"教科書数学"や"受験数学"に強く,「自分は数学の才能がある」と信じて一流大学の理系に進んだところ,大学での数学がこれらと全然違い,「ついていけなくなって文系へ転科した」という話をよく耳にする。(1)

　これは,小・中・高校でのいわゆる**学校数学**が数学の中の一部(次ページ表参考)であるだけでなく,主として内容は「計算」「証明」の技術に重点がおかれたからであり,柔軟性とは逆の勉強をしたことによる。

　この話は数学勉強上に何か不安を与えるものであるが,次のようなホッとした研究報告もある。(2)

大学入試科目で「数学を選んだ人」は,選ばない人に比べ,その後次のような差が出る。

○大学在学中の成績が良い。
○大学卒業後も所得が高い。
○転業でも有利である。
　その理由として
　①　**柔軟な発想**をもっている。
　②　**論理的な思考**をする。
などがあげられている。

上の(1),(2)の2つの話に矛盾があるようであるが,実はそうではない。つまり,学校数学の勉強法にかかわるということである。
日々の学習時で①,②を身につける勉強法を続ければよいことになる。

こうした"数学力"の自己採点法に次の2つがあるので，簡単に紹介しよう。実際にこれらの試験にのぞまなくても，すでに「過去出題された問題集」に挑戦してみるだけでもよい。

数検 英検，漢検などと同種のもので，日本数学検定協会による1級（大学卒レベル）から8級(小4程度)まで，準1級，準2級を含め10階級あり，競争ではなく実力主義。しだいに広く公認され"2級以上に合格すると『大検』の「数Ⅰ」が免除になり，3級なら履歴書に"，と。

国際数学オリンピック 第1回は1959年で，世界中の中・高校生対象。毎年おこなわれ，主催地は世界大都市の回りもち。2003年（第44回）は日本で開かれ，世界中から秀才1167人が参加(日本人は6人)した。問題はいずれも"柔軟な思考"が主になっていて，学校数学だけのガチガチ頭では問題が解けない。どんな内容か下の表を一見してほしい。

最後に，**学校数学**が数学全領域の一部にすぎないことを示そう。

数学の領域

1. 数学的目（数量化，図形化，記号化しようとするセンス）
2. 生活必須学力（用語，計算，文章題，作図，証明など）
3. 初等・中等数学（算数，中・高校数学など）
4. 数学遊戯（クイズ，パズル，パラドクスなど）
5. 数学用具（定規，コンパス，パンタグラフ，電卓などの機器）
6. 数学史系（数学史，数学者物語，ルーツ探訪）
7. 最先端分野（コンピュータ，コンピュータ・グラフィックスなど）
8. 美的鑑賞（数，計算あるいは図形の美学）
9. 思想・哲学（ものの考え方に関する分野など）
10. 他学問への奉仕的道具（物理，地学，考古学，政経学，芸術など）
11. その他（未来学も含む）

（注）学校数学(教科書や受験数学)の内容は，ほとんど 2.，3. だけである。

『カタカナ数学』全盛時代へ突入
―― "数学相手" はどこにもある ――

このページを読むと，**学校数学**が，古典数学の範囲のものであることを改めて発見するであろう。

右の表からわかるように，数学は"柔軟な発想"によって次々と創造がなされ，20世紀に入ってコンピュータが強力な武器，協力者となり，下のようなかつての数学観から予想で

新鮮数学の創案
15～17世紀　計算術，記号化
17～18世紀　社会数学
（関数・統計・確率）
18～19世紀　抽象数学
（集合・位相・無限など）
20世紀～　コンピュータ数学

きない数学が誕生した。イヤ，今後も次々と誕生し続けるであろう。

1．オペレイションズ・リサーチ（O.R. 作戦計画）

第2次世界大戦中，軍人以外の数学者などによる「科学グループ」が
$\begin{cases} イギリスでは，特にドイツの強力なUボート（小型潜水艦）対策 \\ アメリカでは，特に日本の特別攻撃機（特攻隊）対策 \end{cases}$
として統計・確率などを駆使して戦術を工夫した。戦後，これが平和社会に有効であるとして，学問化されたもの。

2．カタストロフィー（不連続な事象，現象を対象）

フランスの数学者ルネ・トムが1961年，西ドイツのボン博物館で「カエルが卵から親になるまでの形態」の異常な変化に興味をもったのが，この研究の動機。動物遺伝学者などと共同研究。

3．フラクタル（不規則な形の解明）

米ハーバード大学の数学者ベノワ・マンデルブロード教授が海岸線や山脈など複雑な形態を扱う幾何学として1970年中頃にこの理論を提案。

以上から想像がつくように，本書の各項はこの線にそい，思い切ったテーマをとりあげ，それに"数学の目"で挑戦していくことにしている。

代表的『カタカナ数学』

(1) **オペレイションズ・リサーチ（O.R.）**
主要な内容に次のようなものがある
線形計画法
○ 幾種かの製品の生産量の比率
○ 混合肥料の配分
○ ハム，ソーセージなどの練り製品
○ 工場，マンションの建設計画
など
窓口の理論（待ち行列）
○ 野球場や劇場の窓口の数
○ 駅などの公衆電話の数
○ バスや列車の本数
○ 交通信号の秒数
○ ビルのトイレやエレベーターの数
○ レストランの机数
○ 工場での工具の数
など
ゲームの理論
○ 碁，将棋，マージャンの作戦
○ 各種スポーツの試合はこび
○ 競争入札や競売のかけひき
○ 買い占め，売りおしみ
○ 生産と在庫のバランス
○ 同業会社の販売合戦（広告など）
○ 会社などの社員の健康管理
○ 鉄道会社のレール交換期間
など
ネット・ワークの理論
○ 本店と支店，工場と販売店の通路
○ セルフサービス店のものの配列
○ 部屋の家具などの配置
○ コンピュータや人工衛星の配線
など
パート法
○ 工場の流れ作業の組織
○ ビル建設などの作業日程計画
○ 大掃除の仕事手順　　　　　　など

(2) **カタストロフィー（破局）**
不連続な事象，現象についての研究
自然界……地震，火山の爆発，稲妻，雪崩，津波，ビッグ・バン
生物界……昆虫・魚・植物の異常発生，動物の集団暴走
人間界……戦争勃発，株の暴騰・暴落，デモ集団の反乱，友人関係や恋愛男女間の突如の亀裂や別離，突然死　　など

(3) **フラクタル（破片）**
不規則な形の解明についての研究
自然界……海岸線，雲の形，川の蛇行，雪の結晶，山脈，洪水頻度，太陽の黒点活動，自然界雑音
生物界……樹木の影，海草紋様，ブラウン運動の軌跡
人間界……建築物，絵画，音楽などの美に関するもの　　　　など

(4) **カオス（混沌）**
周期性のない振動についての研究
自然界……大気の対流現象や乱気流，地殻の変化，天体の動き
生物界……昆虫などの動き，植物の発生・成育範囲
人間界……尾形光琳，葛飾北斎などの絵画の中の川の流れや海の波浪　　　　　　　　　　など

(5) **ファジイ（あいまい）**
ある現象，事象の両極の中間研究
○ 各種家庭電化製品
○ 株や証券の運用
○ 杜氏（酒）機能
○ 地下鉄などの運転制御　　　　など

(6) **ニューロ・コンピュータ**
人間の脳神経細胞に近いコンピュータ

　以上のような"最新数学"の自由性をふまえ，本書も題材，内容は，千差万別，玉石混交，奔放自在，……のスタイルを採用しているので，その妙味を楽しんでいただきたい。

かく言う私は "賞金稼ぎ？"（実用新案）

　世の学者，専門家と称する人の中には，内外の研究図書・論文など読みあさり，その範囲で自説を構築する「机上派」タイプがいる。私も学者のハシクレであるが，実験，体験などをふまえて理論作りをする「実践派」なので，少々前述の人たちと異なる。その点を信用していただくため，私が"柔軟な発想"の持ち主である1例を紹介しておきたい。

　私は少年時代から好奇心が強い方であったこともあり，教師時代は生徒に「興味を高めさせる」ためのいろいろな方策を工夫していた。ある日，「一高生（現・東大生）といえば天下の秀才であるが，筆者は彼等の数学理解のため，種々の『教具』を工夫して授業をした。……」と述べた一高教授の論文を読み，『教具』は邪道でないの確信を得た。そこで日々の授業や1959年以来のNHK教育テレビ『夏・冬のテレビグラフ』出演などのおり，『教具』開発に努めた。幸い，1970年頃から世界的な『数学教育現代化運動』が日本でも起こり，新教材が多量に導入されたが，その際，私は『内田洋行・教育機器開発センター』の顧問として"新教材に対する教具開発"で，月1回の研究会に参加することになった。

　以来，20余年間，多くの教具を作製したが，中には私の「実用新案」の品も数々ある。"柔軟な発想"からの誕生で，いくつかを御案内しよう。

（注）上記「現代化時代」には，教材の視覚化として，
○岩波教育映画
○共立教育映画
などでの映画制作があり，これにも私は参加した。

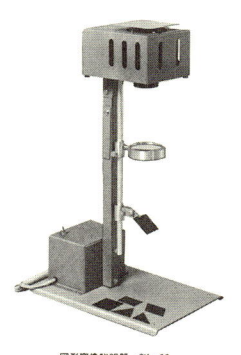

図形実験説明器 CK-60

（『ウチダ教材教科別中学校数学』昭和52年度版）

かく言う私は実用新案 "賞金稼ぎ?"

b 283-0930 ウチダ立方体切断面説明器 SV-12
2個組 —————————¥14,000
指導：埼玉大学教授　仲田紀夫先生
● 着色した水を立方体の中に入れ、傾斜角度を変えることによって各種の切断面を作れます。
● 立方体に構成図形の水の量を示すガイドがついております。
● 水の着色には容易で安全な食用着色剤を使用しております。
透明樹脂製　立方体(12×12×12cm)、2個
構成できる図形：三角形、二等辺三角形、正三角形、
　　　　　　　　正方形、五角形、台形、ひし形、長方形、
　　　　　　　　六角形、平行四辺形の10種
食用染粉4g（約200回分）、ポリ容器1個、木製ケース入り

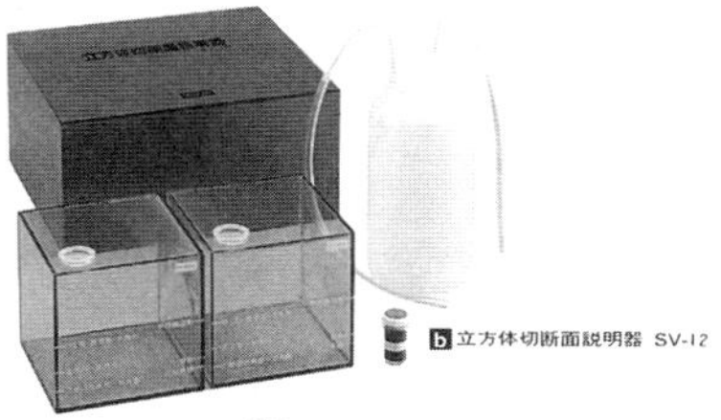

立方体切断面説明器 SV-12

c 283-0931 ウチダ立方体切断面説明器 SV-10G ¥25,000
● 使用方法はSV-12と同じです。
グループ用　透明樹脂製　立方体(10×10×10cm)、6個組
構成できる図形：三角形、二等辺三角形、正三角形、
　　　　　　　　正方形、五角形、台形、ひし形、長方形、
　　　　　　　　六角形、平行四辺形の10種
食用染粉20g（500回分）、注入吸引用ポリ容器3個つき
木製ケース入り

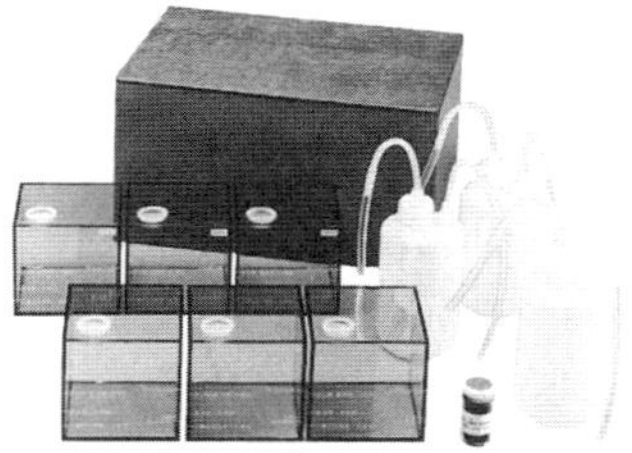

● 傾斜角度によって各種切断面が構成できます。

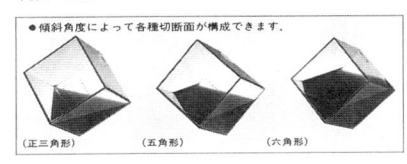

(正三角形)　(五角形)　(六角形)

c 立方体切断面説明器 SV-10G

d 284-4100 ウチダ空間図形説明器 CS-5 ——— ¥18,600
（空間正多面体）　　　　　　　　〈工業所有権取得済〉
指導：埼玉大学教授　仲田紀夫先生
● 各種空間図形の説明に使用できます。
● 正多面体の頂点に球をつけ、点・線・面の関係を理解させる教具です。
金属製、5種類
頂点に球つき正四、正六、正八、正十二、正二十面体、
正六面体の1辺15cm、説明用棒2本、球4個、正六面体の切断面説明用透明図形板6枚つき、木箱入り

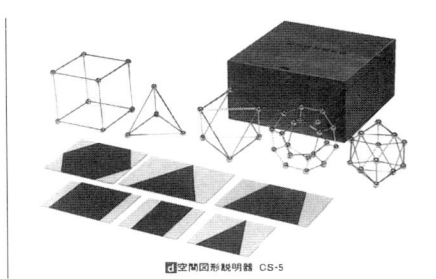

d 空間図形説明器 CS-5

a 282-2700 ウチダ球の表面積・体積説明器
SW-10 ————————————¥17,000
指導：埼玉大学教授　仲田紀夫先生
● 球の表面積・体積の公式を説明します。
● 表面積説明用球にはマジックテープが使用してあり、ひもの巻きつけが容易にできます。
表面積：$S=4\pi r^2$　半球とひもを使って球の表面積はその球の中心を通る円の面積の4倍であることを説明します。
体　積：$V=\frac{4}{3}\pi r^3$　球の中心を通るように切断していくと球は三角錐のあつまりである、と見立てることから球の体積を求める公式を説明します。
木製半球、いずれも直径10cm
表面積説明用球：半球2個
ひも4mm(径)×400cm(長)
体積説明用球：半球1個、$\frac{1}{8}$球、$\frac{1}{8}$球の$\frac{1}{8}$分割(三角錐)各1個
木製ケース(12×12×24cm)入り

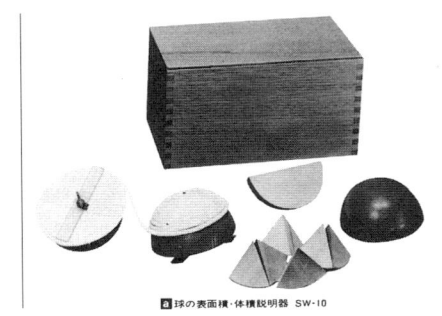

a 球の表面積・体積説明器 SW-10

（注）ほかにも種々あるが、紙面の都合上省略する。

（以上『ウチダ教育機器数学1988』昭和63年度版）

9

目　次

はじめに　1

"柔軟な発想"の養成　と脳への"喝"──アイディアの誕生──　2

ニュース　学校数学（教科書・受験）を超えた"数学力"　4

『カタカナ数学』全盛時代へ突入──"数学相手"はどこにもある──　6

かく言う私は　実用新案　"賞金稼ぎ？"　8

I "つれづれ"の思索からの発見　15

1　パンダの白黒，どっちが広い？　16
2　昆虫だって，「年とる」とボケる？　18
3　古くて新しい『シラミツブシ法』とは？　20
4　『マンモス』復活，その再生術　22
5　「角を矯めて□を殺す」ということもある！　24

目　次

6　鰯（いわし）だって鯛（たい）さ！"ゴム膜面グラフ"の利用　26
7　神様がもう1つ目をくれるなら，あとどこにつける？　28
8　「いい加減」「良い加減」「手加減」などの"加減"は算数か？　30
9　"ゲーム必勝法"は裏技にあり！　32
10　辞書の中の単語，いくつ知っている？　34
11　"図形と素地"，視点差で別発見！　36
12　"女性と男性"，何がどう違うか？　38
13　『頭脳五輪』というオリンピック，何を競うのか？　40
14　毎日，目にする『カレンダー』，何かを発見しよう　42
15　1秒間に計算2千兆回！「このこと」実感できる？　44
16　向日葵（ひまわり）はゴッホより，フィボナッチだ！　46
17　幽霊（ゆうれい）と悪魔（あくま），どっちが怖いか？　48

コラムⅠ　"天国"って，本当にいいところ？　50

関連問 の解答　51

Ⅱ　日常"ちょっと"気になることを解決 ── 53

1　木製オモチャの大量生産法は？　54
2　抽象画や俳句と数学の共通点は何か？　56
3　江戸っ子の数遊び"役者当てっこ"とは？　58
4　ゴルフの「ホール」の深さ，計算で求めよう　60
5　"アベック散歩道"で考える　アレ，コレ　62
6　牧場主の苦労，三角形の最短辺？　64

11

7 『サプリメント』とは？ 効果の測定法 66
8 "快眠・不眠と生活"，熟睡を促すもの 68
9 いつまでも噛んでいると，口の中でウンコになるヨ！ 70
10 下戸の利酒挑戦，結果はどう？ 72
11 古今東西 "遺産問題"，その知恵のサマザマ 74
12 "当てずっぽう" より良い「逐次近似法」 76
13 "等価交換方式" という現代物々交換！ 78
14 古くて新しい "家紋"。幾何学模様に注目！ 80
15 「優良ネクタイは45°」の不思議？ 82
16 『筆入れ』『下駄箱』の語を使う新人類の言語矛盾？ 84
17 「代表代行」，同じ代でも意味が違う 86

コラムⅡ 心身のバランス──怖い事例── 88

関連問 の解答 89

Ⅲ 社会の中の疑問 "あれこれ" を解明 ── 91

1 17年に一度，一斉に羽化する『17年蝉』のことから 92
2 "四角スイカ" 作り，その裏にどんな計算が── 94
3 オット，食品の原材料の種類と配分率！ 96
4 スーパーのレジ（支払い口）数，どう決める？ 98
5 「どこにもあるマナー」，数学のマナーとは何？ 100
6 「置き引き犯」疑惑の晴らし術 102
7 "ワケあり物" 価格，定価，値段などの値切り 104

目　次

8　『カタカナ語』への挑戦，数学も他人ごとではない！　106
9　"名前づけ"その発想の時代別変遷に迫る！　108
10　こんなにある"悪質商法"，いろんな手口　110
11　大学での国家試験"正解"の疑問　112
12　「大学入試センター試験」の公平度チェック方法？　114
13　"順番"で，審査員の心理に影響がある？　116
14　くじ引きで決める『裁判員』，"当選"は幸か，不幸か？　118
15　調査報告での"差と比"，どちらが適当か？　120
16　危ない地雷原！　安全地帯はどこか？　122
17　豪華客船の「総トン数」とはどんなもの？　124

コラムⅢ　社会の中の『零和(ゼロワ)ゲーム』　126

関連問の解答　127

Ⅳ　この感動，あの興味を"一探(さぐ)り"　129

1　天下の美形大橋の"幾何学美"を探る！　130
2　日本百名山の1つ"剱岳(つるぎだけ)"，標高の問題　132
3　奇妙で有用の"絵文字"を楽しもう　134
4　『不思議の国のアリス』の裏側(話)を探る　136
5　パンドラの箱なのか『ブラック・ボックス』，これを作り使う　138
6　"最古級の鏡"その破片から元の大きさを求める　140
7　時代劇に欠かせぬ『虚無僧(こむそう)』の歴史と数学　142
8　民族いろいろ，特性いろいろ，でおもしろい　144

9　BOAC機，空中分解はどこで，その高度は？　146
10　ゆがんだ凸凹地球を"完全球"と見ていいのか？　148
11　学問（理論）上は不可能，でも技術的には可能な妙？　150
12　呼吸停止から蘇生で，知能回復のチェック　152
13　「100メートル走」は練習次第，誰でも速くなれるか？　154
14　「負けたが，勝ち」という"かばい手"に軍配　156
15　禁じられていた"おとり捜査"が公認された！　158
16　『暗号』の作製⇄解読，知恵比べ　160
17　2進法利用ア・ラ・カルト，探してみよう　162

コラムⅣ 交換用語あれこれ　164

関連問 の解答　165

装丁・長山　眞　　イラスト・筧　都夫

I "つれづれ"の思索からの発見

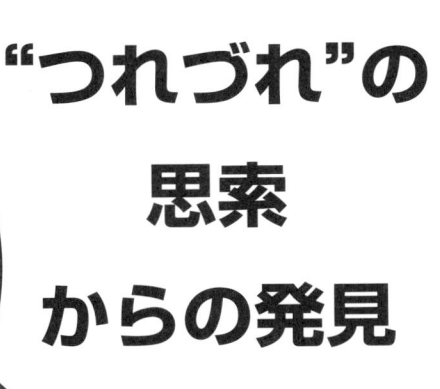

"思索"には常に自己矛盾！

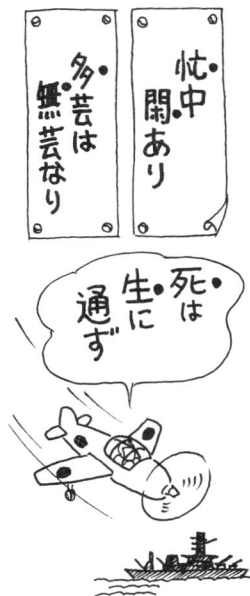

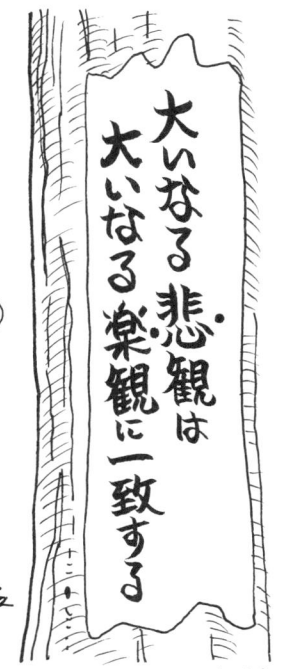

巌頭之感　藤村　操（18歳旧制一高生　辞世の句の末語）

大いなる悲観は大いなる楽観に一致する

忙中閑あり

多芸は無芸なり

死は生に通ず

（日光華厳の滝の大木）

1 パンダの白黒どっちが広い？

「人寄せパンダ」と呼ばれたほど，珍獣パンダは，人々に好奇心をもって愛されたものだった。

それは獰猛な熊の大きさなのに，可愛らしい「しぐさ」と，白黒2色の魅力的色彩にあるといえよう。

で，見ている人は一度や二度，「パンダの白黒の面積はどっちが広いのかナ？」と考えるものである。

われわれの社会では，よく「白黒をつけよう」とか「白黒をはっきりさせろ！」などというが，ここでも，白黒をハッキリさせよう。

では，どうやって調べたらよいのか？

パンダのぬいぐるみ

（注）白黒動物では，シャチ，月輪熊そして乳牛のホルスタインなどがいる。

関連問　『端数』を表す数で，白黒に相当するのは"小数と分数"。で，どっちが多い？

I "つれづれ"の思索からの発見

柔軟な発想

相似形による解決
タイプI ● 視点を転換する

人間が本来もっている色についての錯覚に

"白"は膨張色（より大きく見える）

"黒"は凝縮色（より小さく見える）

があるので，「パンダの白黒」の比較も客観的，つまり数量化して見なくてはならない。

そのためには，

(1) 写真で真横から撮ったもの。

（左右対称なので丁度半分でよい）

(2) 『動物博物館』に展示されている毛皮の展開図。

をもとに，「方眼の目の数」で数える，という方法が考えられる。

しかし，もっと良い方法が発見された。

『ぬいぐるみ』に目をつける発想だ。

『パンダのぬいぐるみ』を作っている工場で，"ぬいぐるみのきれの部品"を使い，"白黒各面積を計算して求める"というものである。

真横図

展開図

実際に，これから黒：白＝35：65が計算され，「白が多い」という結論を得ることができた。（ぬいぐるみは本物の相似形になっている。）

余談 白黒の面積（個数）を競うものに碁やオセロがある。一般に「くじ引き」では先手，後手による有利，不利はないが，碁の場合，先手(黒石)は，後手より6〜7目有利とされている，と専門家はいう。

2 昆虫だって「年とる」とボケる？

　日本は幸福なことに長寿社会となっているが，一方，その中には"ボケ"に入っている人たちもいる。

　犬や猫を死まで飼っていた人によると，「動物でも死が近づくとボケ状態になる」といい，このことは獣医も認めているそうである。

　また，猿の研究者は，猿を含め哺乳動物が老齢化するとボケが見られる，という。

　脳を使う動物だからであろう。

　さて——，ではトンボ，ハチ，ハエなどの昆虫類，つまり，「ほとんど本能で生きている生物」は，ボケるのか？

　で，このことを調べる方法というのは，あるであろうか？

関連問 $2 = 1.9999999999\cdots\cdots$

　と，ボケのようにしだいにかすんでいくが，これは正しい"＝"か？

I　"つれづれ"の思索からの発見

柔軟な発想

条件反射による解決
タイプⅡ●突飛な着想をする

　我が家の池には，大小20数匹の鯉がいる。

　世間でやるように，餌をあげるとき，パン，パンと手をたたくと集まってくる。

　冬場，氷が張り，1カ月以上餌を与える機会がないのに，春先の水ぬるんだとき久しぶりに手をたたくと，ゆっくり泳ぎながら，集まる。

　それも大きい鯉の集まりがよい。

　「これは，有名なパブロフによる犬の実験『条件反射』だナ。つまり，鯉にも記憶がある，しかも新旧（老若）の鯉で差があるようだ。」と考えたことがあったのを思い出した。

　「昆虫もボケるか？」のテーマで，"ハエ"について東京都神経科学総合研究所の斎藤実研究員の報告記事を読んだときである。

　彼は次のような方法でこの調査をした。（下表は私がまとめたもの。）

　ハエを老・若2群に区分し"2種類の臭いをかがせたあと，一方の臭いと共に電気ショックを与え，その後その臭いへの反応を調べた"。その結果は右表のようで，「老バエには記憶低下（ボケ）がある」ことを発見した，という。

記憶（反応）区分	電気ショック	
	直後に臭いをかがせた	時間経過
生後1～10日の若いハエ	ゼロ（全部逃げる）	3時間後では半数
生後20日以降の老いたハエ	少々いる（ボケで忘れた）	1時間後にショックの記憶なし　ダメ

（注）電気ショックで，ハエが「逃げる記憶」を保つ時間の調査結果。

3 古くて新しい『シラミツブシ法』とは？

古くて有名な文章題の代表といえば，誰でも『つる・かめ算』をあげよう。

そこで右の問題を示し，これを解いてみるとき，最も初歩的な解法が『シラミツブシ法』である。

これは，答が整数で有限ならば，いつかは"解"にたどりつくことができる方法といえよう。

では，ここで挑戦！

問 かごの中につる，かめ合わせて9，足数30という。それぞれ何匹か。

答

		1	2	3	4
つる	頭	1	2	3	4
	足	2	4	6	8
かめ	頭	8	7	6	5
	足	32	28	24	20
足数		34	32	㉚	28

シラミ（虱）

人間，動物への吸血昆虫で，繁殖力はあるが，動きがにぶいので，1匹ずつつぶし全滅できる。

右上のようにして答を得た。

では，それを参考にして次を解け。

このかごのつる，かめを少し減らしたが，このとき，ゴキブリが何匹かいて，全部の数は9で足の数は40になった。

いまのかごには，それぞれ何匹いるか。

関連問 右の覆面算について，『シラミツブシ法』で，すべての解を求めよ。

ただし，イ＜3，レ＞メとする。

（違う仮名は数字も違う）

```
  レイ        黎
 ＋メイ      ＋明
 ────      ───
  ホン        本
```

コツコツ型の努力も必要
柔軟な発想　タイプXI ● 他からの刺激

　自動車による"ひき逃げ事件"では，多数の警察官が地面にへばりつくようにして車の破片を拾い集め，やがて車種を特定する。そして，その地域数千台について『シラミツブシ法』で調査し，最後に犯人に到達する，という報道がよくある。

　現代社会での犯罪解決に有効なだけでなく，いまや技術の最先端にあるコンピュータでも，人間の能力で不可能な問題の解決を，コンピュータのもつ無限に近い力で『シラミツブシ法』によってなしとげた例は多い。

　有名な話の1つに『四色問題』（地図の塗り分け）解決がある。

　また，2300年も前の『素数発見法』――エラトステネスの篩（ふるい）――も実は『シラミツブシ法』で，現在はこの作業をコンピュータでおこない，大きな素数（これが暗号に役立っている）を発見している。

　さて，"解"がおくれたが，ここで考えてみよう。

つる	頭	1	1	1	1	1	2	2	2	2	2
	足	2	2	2	2	2	4	4	4	4	4
かめ	頭	1	2	3	4	5	1	2	3	4	5
	足	4	8	12	16	20	4	8	12	16	20
ゴキブリ	頭	7	6	5	4	3	6	5	4	3	2
	足	42	36	30	24	18	36	30	24	18	12
定数		48	46	44	42	㊵	44	42	㊵	38	36

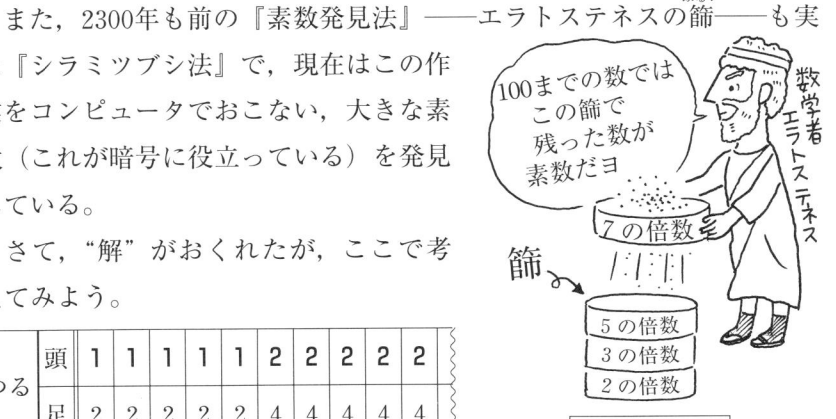

連立方程式

いま，つる，かめ，ゴキブリを $x,\ y,\ z$ 匹とすると，

$$\begin{cases} x+y+z=9 \\ 2x+4y+6z=40 \end{cases}$$

という不定方程式を解くことになる。

4 『マンモス』復活 その再生術

　「いまからおよそ1万年前に絶滅した，といわれる『マンモス』を復活させよう」という研究が，いろいろ工夫されている。

　中には荒唐無稽（こうとうむけい）な発想から，相当信頼性のある報告まであるが，ここでは，科学的に可能性が高い2つの方法について紹介しよう。

　1つは，『マンモス復活協会』の学術部後藤和文氏によるもので，彼が「牛の死んだ精子による受精卵の作出に成功し，後に正常な子牛を誕生させたこと」から，シベリアの永久凍土で氷づけのマンモスから死んだ精子を使って復活させようというものである。

　成功した実験の延長上にある話なので，大いに期待がもてそうであり，楽しみにしたい。

　では，もう1つの方法とは，どのようなものであろうか。

関連問　「死んだ精子でもその遺伝因子は生きている」という話である。

　意味がなく，捨て去ってよいようなものの中に大事なものがひそんでいる，というものを，数学の中から探してみよう。

ヒント

「いらない」ようで，「ある」と都合がよいもの。

21年凍結の精子で出産

英の病院　02年に男児

I　"つれづれ"の思索からの発見

柔軟な発想
樹形図の考え利用
タイプⅥ●常識を打破する

現代科学では，1つの生命を
○皮膚の一部からクローン羊を生む
○卵子だけでマウスを誕生させる
など，雄不要の時代になってきた。

つまり，前述の死んだ冷凍精子を使用しない方法で，子孫をふやすことができる別例である。

さて，話をマンモスに戻すことにしよう。

マンモスに，遺伝的に近いアフリカ象を使い，マンモスの精子なり，皮膚なりによって子を作る。その子に対しマンモスの一部から子を作る。これを右のようにして，2代，3代，……と5代まで続けると，"真のマンモス"に97％近い象ができる，という計算になる。

こうした科学と計算で，夢が現実になれば楽しいものだ。

マンモス　アフリカ象

$\dfrac{1}{2}$

$\left(1+\dfrac{1}{2}\right)\div 2=\dfrac{3}{4}=0.75$

$\left(1+\dfrac{3}{4}\right)\div 2=\dfrac{7}{8}=0.875$

$\left(1+\dfrac{7}{8}\right)\div 2=\dfrac{15}{16}=0.9375$

$\left(1+\dfrac{15}{16}\right)\div 2=\dfrac{31}{32}=0.96875$

5代目でほぼ完了

（注）以上とは別に顕微受精法という方法もある。

〔参考〕南のマンモス＝ナウマン象。

　　　　1万年以上前，現生人類誕生頃に栄えた象で，現在の象にもっとも近い特徴をもっているといわれ，インドや中国，日本及び付近の海底で発見されている。

5 「角を矯めて□を殺す」ということもある！

　有名な諺なので□に何が入るかすぐわかる，と思われるが，ヒントに類似の諺をあげてみよう。
　○冠履を貴んで，その頭足を忘る。
　○ The remedy is worse than the disease.
　　（治療のほうが，病気より身体をそこなう。）
　○ You kill the tree by trying to straighten its branches.
　　（枝をいじって木を枯らす。）
　いずれも"欠点をなおそうとして全体をだめにしてしまうこと"である。
　つまり，上は世界的な諺である。
　さて，これらのヒントから□をうめよう。

憲法守って国滅ぶのは本末転倒

関連問　図形の性質の証明（説明）では，"補助線を引く"という手を加えることで，簡単に片付けられることがある。しかし，数多く引くと，かえって混乱し，不可能になり，上の諺に陥る。
　このことを頭に入れて，次の証明をせよ。
　「三角形 ABC の 2 辺の中点 D，E を結ぶと，
　　$DE \underline{\parallel} \frac{1}{2} BC$
　である。」（中点連結定理）
（注）記号 $\underline{\parallel}$ は平行で等しい。

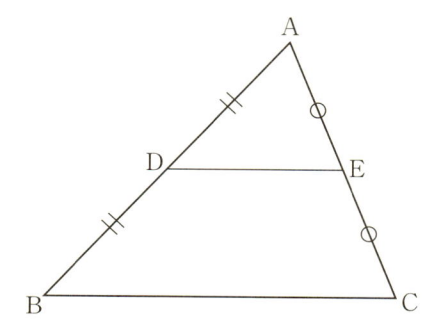

Ⅰ　"つれづれ"の思索からの発見

柔軟な発想
無駄な努力は危険
タイプⅢ ● 無関係に目を向ける

　□は"牛"である。

　「牛の角(つの)の形」を無理になおそうとして，牛を殺してしまう，つまり物事の本末を取りちがえることを意味する諺。

　この言葉はレッキとした古書『竹斎物語』にあるもので，「仏の道を願ひ給ふとも，人の心を破り給はば角は直りて牛は死ぬこととなるべし」とある。

平安時代の牛車の牛

　これなどは他の諺同様古今東西に通じるもので，現代でも

　　○病気がなおって病人が死ぬ。(右新聞)
　　○子を甘やかし過ぎ，不良少年をつくる。
　　○選手の練習を厳しくして，身体をこわす。
　　○「勉強，勉強」と言い過ぎて勉強嫌いをつくる。
　　○肥料をやり，かまい過ぎて草木を枯らす。

などなど，その例はいくつもある。

　私の友人で，元気一杯だった人が初期のガンとわかり治療の放射線で亡くなるという，上の例を耳にしたばかりである。

　私自身プールでの遊泳で「消毒剤アレルギー」により，のどを痛め，医者からもらった『ウガイ薬』で声が出なくなった経験がある。

　しかし，こうしたマイナス思考では前進できないので，何事も注意しながらホドホドということか。チョン！

治療成功でも死亡例　学会が注意を呼びかけ

6 鰯(いわし)だって鯛(たい)さ！ "ゴム膜面グラフ"の利用

　学問や社会活動あるいは日々の生活などでは,「次々と細分化する一方,別のものに見えるものを仲間に入れる」という分解・統合の作業がおこなわれている。

　18世紀パズルの「一筆描き」から発展した『トポロジー』の世界では,その興味深い1つにゴム膜面のグラフに描いた"図形の変換"というものがある。

　右上の図でA,Bはそれぞれ原図をどのようにしたものか。

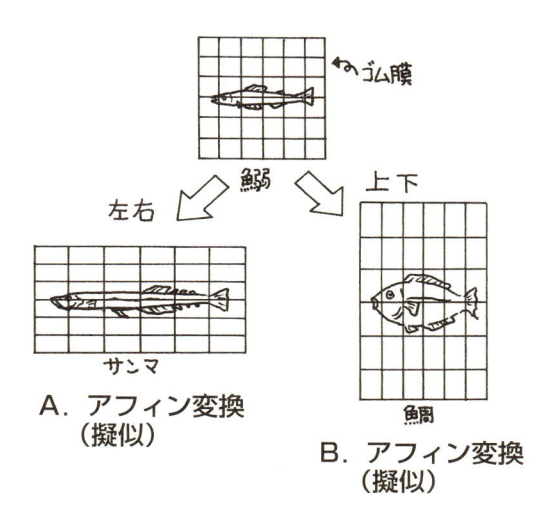

A．アフィン変換（擬似）　サンマ

B．アフィン変換（擬似）　鯛

〔参考〕交通標識の1つである細長い道路文字。

「疑似」サマワ宿営地

関連問　このアイディアは,かつて「大変な事件の難問」を解決するのに役立ち,数学の有用性を示したものである。本書でそれを紹介したが,それは何ページのことか探してみよ。

Ⅰ "つれづれ"の思索からの発見

柔軟な発想

変換の考えを生かす
タイプⅩⅤ●別個の同一化

まずは答えから——。

Aは，ゴム膜を左右に引っ張ったもの。

Bは，ゴム膜を上下・左右同じ力で引っ張ったもの。

右は，植物で葉の分類・仲間作りである。また，人，猿など類人猿の「頭ガイ骨」の仲間関係にも使える。

つまり，動植物などの研究分野で，有効な柔軟発想となっている。

さて，平面から立体へと目を転じると，立体ではネンド（粘土）が利用できる。

右のように，オモチャ，置物などいろいろなものが作られるが，土台は"球"である。

ところがうっかりと「勇み足」をしてしまう。たとえば右もみな"球"からできそうな立体に思えるが，いくつか仲間はずれがある。どれか。

（注）「穴開け」などの余計な手を入れた加工品は別の仲間になる。

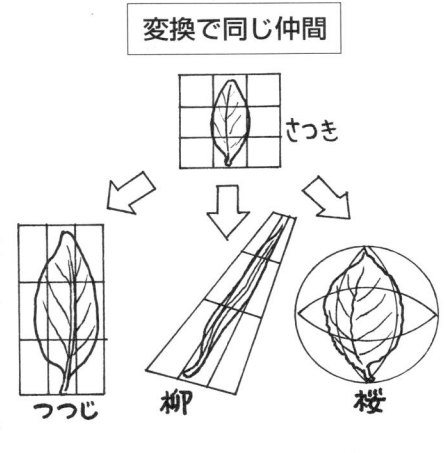

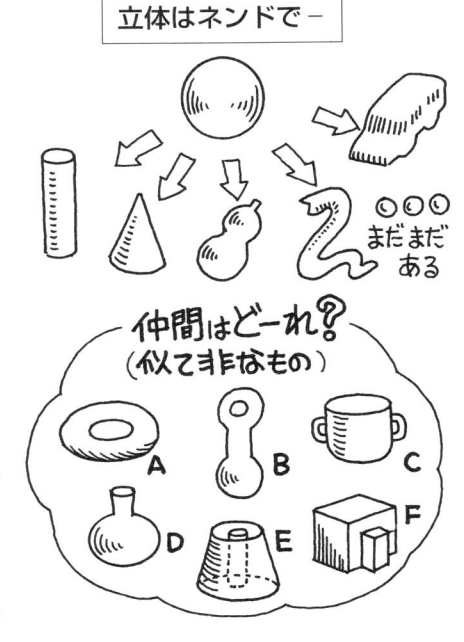

変換で同じ仲間

さつき / つつじ / 柳 / 桜

立体はネンドで－

まだまだある

仲間はどーれ？
（似て非なもの）

A B C D E F

7 神様がもう1つ目をくれるなら，あとどこに付ける？

子どもの素朴な質問に「目が2つあるのに物は1つ見える。それはどうして？」というのがある。

簡単な説明法は，右の図を示し，「2つの目で別々に見えた像を脳の中で合体する」ということ。

また，目が2つだと物体までの距離がわかるが，1つのときは，十分にわからない。

――片目をつぶり調べてみよう――

さて，「もし神様がもう1つ目をくれる」としたら，あと頭部のどこにつけるのがよいか？

ヒント：自動車運転のとき。

〔参考〕

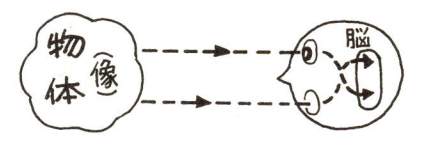

脳の中で2つの像を合体

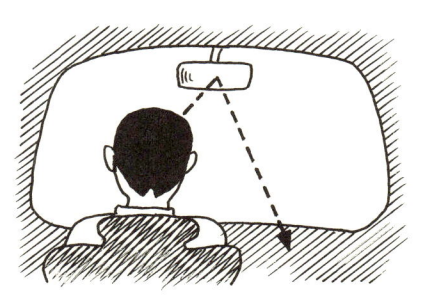

追突被害予防のバックミラー

関連問 右のような半円型の島に3つの灯台がある。この3つの灯台の光がとどかないところ（死角）はどこか，図示せよ。

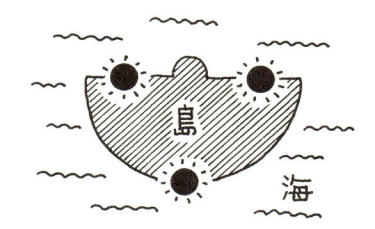

I "つれづれ"の思索からの発見

柔軟な発想

1つのことから別の発見
タイプⅦ●固定観念を取り除く

　自動車事故の中でも"追突事故"は多く，しかも追突される方では避け難い（逃げられない）場合がしばしばであろう。

　後続車のドライバーの不注意，ワキ見運転，スピードの出し過ぎなどによるもので，赤信号で停車中のときは大事故，大惨事になったりする。

　安全運転40余年，『無事故無違反』（警察署長賞2回）の私は，運転中の6割近くを，「バックミラーによる後方車への注意」に向けてきた。それは，右のような後続ドライバーに対し，"追い抜いて走れ"（手合図）と指示し，マイペースの運転を心掛けたことによる。

　（注）最近，別の目として，タクシーなどの運転席に，もう1つの目「ドライブ・レコーダー」をそなえている。（交通事故の記録用も。）

危ない後方車
○車間距離をとらない
○割り込み運転
○スピードと急ブレーキ
○携帯電話，マンガ本読み
○助手席とのオシャベリなど

　こうした体験から，ふだんの徒歩中でも，後方への注意を怠らず，ときに「棒つきバックミラー」をもつか，頭につけるかして歩きたくなることもある。

　日常，うしろから来るスリ，カッパライも防げよう。やはり，もう1つうしろに目がほしいものである。

　（注）一応，十字路などに大きなバックミラーは設置され，その役を果たしている。

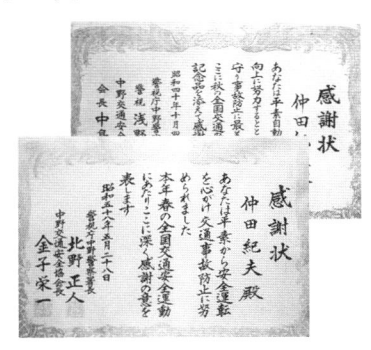

うしろを注意
しながら歩く

8 「いい加減」「良い加減」「手加減」などの"加減"は算数か？

主婦参加のあるTV番組で，司会者が次の質問をした。

「ある洋品店で，仕入れた服に2割の利益を見込んで定価をつけましたがなかなか売れないので，"定価2割引き"としたら，すぐ売れました。

サテ，この店の損得はどうでしょう？」

集まっていた主婦たちの反応はどのようであったと思うか？

日々の日常・社会会話の中で，"加減"の語を用いることが多い。

この例を考えながら上の加算と減算について，主婦たちの結果をいえ。

余談 「2005年1月6日未明，中国で人口13億人目になる男の赤ちゃんが北京市の病院で誕生」との報道があった。統計上では"いい加減"といえよう。（劇場，遊園地などの入場券があるものと異なる。）

関連問 104×96 の答を加減の工夫で求めよ。
ヒント：$a^2 - b^2 = (a+b)(a-b)$

馬鹿さ加減に引かれ
いい加減な引き継ぎ
ほろ酔い加減
うつむき加減

ブッシュ氏応援 加減工夫

旧知の2人の対談は、脱力加減も「いい感じ」で笑いが絶えない

I "つれづれ"の思索からの発見

日常算数語に注目する
柔軟な発想 タイプⅩⅡ●詩的な感性

"加減"――丁度良いように調節すること，程よくすること。

『国語辞典』では上のように説明されている。

日常語に「プラス・マイナス0」(±0)という言葉があるくらいで，うっかりすると，変化なしと考える。

さて，この TV 番組だが，その類題として次の問題がある。

「正方形の土地をもった人が，道路拡張にともない，1辺の長さを2割増加し，他方の辺を2割減少とした。この人の土地の面積の加減はどうか。」

計算は右のようで，"損"になるが，同種問題である TV 番組ではすべての主婦が「損得なし」と答えていた。つまり，「プラス・マイナス0」の考えなのである。"詩的な感性"のミスだ。

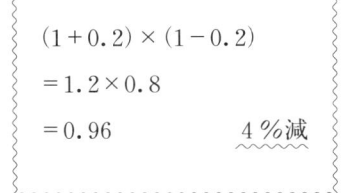

$$(1+0.2)\times(1-0.2)$$
$$=1.2\times0.8$$
$$=0.96 \qquad 4\%減$$

発展話

5つ星の，5つの角の和を求めるのに，右のように指ではさみ，"角の加減"で三角形の3つの内角にし，180°と求める。

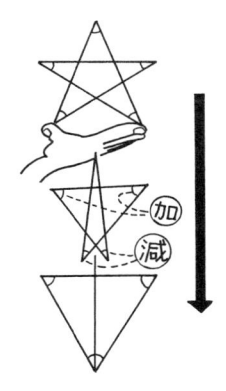

たとえは悪いが
「ナグッテ こぶをつくり
あとで ナゼナゼ
するもだめ

⑨ "ゲーム必勝法"は裏技にあり！

2人でやるゲームは数々ある。

その中で，碁石取り，マッチ棒取りなど広く「玉取りゲーム」が身近で人々に親しまれている。

そこでは"必勝法"がいろいろと工夫されているが，ここではその1例を考えてみよう。

いま，右上のルールをもつ「玉取りゲーム」では後手必勝法という裏技があるが，それはどのような手であろうか。

関連問 Pさんが海外旅行である国を訪れたとき，この地の珍品土産物を買った。まだこの地方には電卓がなく，店員が計算でモタモタしていた。Pさんは「自分が即座に計算できたのは，計算必勝法をもっていたからだ」と気づいた。それは何か。

玉取りゲーム

次のルールによる
① 場に玉が21個ある
② 交互に1～3個を取る
③ 最後の1個を取った方が負け

取り方の例

人 \ 回	Aさん	B君
1	3個	2個
2	1個	2個

Ⅰ "つれづれ"の思索からの発見

ルールの価値と分析
タイプⅩⅢ● 逆思考への挑戦

柔軟な発想

"裏技"はズバリ！

「毎回，相手（Aさん）が取った個数との和が4個になるよう」に後手（B君）が玉を取ればよい。

右がその1例である。

つまり，21÷4＝5余り1。

ここで，類題に挑戦してもらおう。

ルール　碁石13個を用意し，2人が次のルールで交互に取る。

(1)　1回に1個以上3個までとする。
(2)　最後の1個を取った方が負け。

人\回	Aさん(先手)	B君(後手)	残り
1	3 →	1	17
2	2 →	2	13
3	2 →	2	9
4	1 →	3	5
5	3 →	1	
	2 →	2	1
	1 →	3	
6	▽		

（注）逆思考の発想による。

この必勝法は，先手を相手にゆずり上と同じ要領で，毎回4個なくなるようにしていけば，後手が必ず勝つのである。

この2例から想像できるように，はじめ17個でもよい。

●発展話●　世に有名な必勝試合

16世紀のイタリアでは"方程式解法"競争が，しばしば公開でおこなわれた。

その中で有名なのが，タルタリアとフロリドの三次方程式解法試合で「たがいに自作問題30問を交換し，一定期間後に相手の問題を何問解いたか」という試合方法であった。

タルタリアは2時間で全問解いたが，フロリドは1問も解けなかった。タルタリアは三次方程式の"解の公式"を得ていたからである。

初等計算で，「九九を知っているか，いないか」に似ている。

10 辞書の中の単語 いくつ知っている？

　受験生はもちろんのこと，一般の人々でも机や身近に国語辞典や和英辞典などを備え，常時使用し便利を得ていることであろう。

　そして誰でも一度や二度は，「自分はこの中の何語を，あるいは何％の語を，知っているだろうか？」と考えた経験があると思う。

　いま標準的な辞典で考えると，その中には約6万語が収められているというが，まさか1ページずつ全単語を「知っている」「知らない」……とチェックするわけにはいかないであろう。

　できるだけ，手軽く，素早くこの知識率を調べる方法を工夫せよ。

関連問　偶数，素数など"名のついた数"，いくつ知っている？
　2500年前のピタゴラスがすでに10個以上の数の命名をしている。
　有名，無名のもの，10個位あげてみよ。

『万物は数である！』とピタゴラスは言った。彼は数論者だ。

I "つれづれ"の思索からの発見

奇妙なものに気付く
柔軟な発想 タイプⅣ ●デタラメの利用で解決

街の小路を歩いていると，作業服姿の2, 3人の男性が，長い棒を地面につき刺している様を見ることがある。

「何をしているのですか？」と聞くと「ガス漏れ調査です」と答える。

見ていると，何mか歩いた後，また棒を刺し，臭いをかいだり，メーターを見たりしていた。

デタラメに調べることに意味があるのだそうで，これはまさに"数学の中のサンプリング（標本調査）"である。

数学では「デタラメに刺す代わりに，サンプルを『乱数表』によって求める」方法をとっている。

```
08 46 60 19 43   24 08 04 76 55   02 53 38 71 32
56 24 81 64 85   69 57 27 53 68   48 32 53 31 56
44 54 75 32 47   07 87 98 42 94   52 74 88 53 11
90 94 80 52 41   89 00 82 94 00   92 22 05 06 15
35 16 56 97 76   33 99 89 76 20   02 78 20 96 06

90 30 90 10 00   96 68 98 26 47   37 38 19 78 00
78 55 63 26 82   94 36 94 23 21   19 70 74 50 85
36 13 04 13 17   83 01 12 33 50   55 86 60 26 05
14 29 48 94 66   55 26 22 35 47   45 27 86 41 52
67 38 47 18 53   48 74 50 27 38   16 01 49 20 95

68 63 16 39 01   03 36 11 47 00   75 94 02 37 02
97 16 45 98 77   92 10 66 49 88   48 80 61 01 52
89 13 53 11 72   45 94 20 67 06   17 14 72 22 99
37 30 38 36 19   97 69 10 79 04   38 37 49 25 11
97 25 47 26 44   96 90 43 06 36   51 84 31 99 38
```
乱数表（一部）

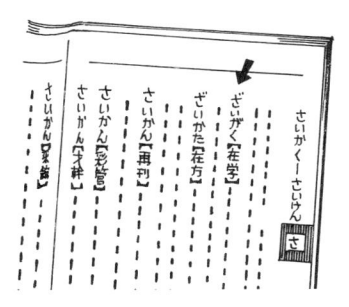

辞典のある1ページ 右上の最初の語

さて，ここで初めの問題にもどろう。

「辞書の中の単語をどれだけ知っているか？」の調査でも，『乱数表』を利用し，デタラメにページを選び，デタラメの場所の単語を知っているか，という方法を採用するのが一般解のようである。

それでもいい。つまり

（6^{万語}）×｛(知っていた単語数)÷(調べた単語数)｝

の計算から求められるが，実は，こと辞書に限っては"奇妙な配列"(注)で，全体がデタラメな配列なので，機械的に「10ページ毎の右上の最初の単語」だけを調べてゆき，上の式で計算してもよい。

（注）日本語では五十音順，英語ではアルファベット順という規則はあるが"語の意味"ではデタラメ順になっているからである。

11 "図形と素地" 視点差で別発見！

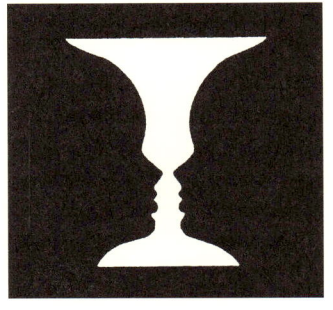

　右の図は有名な『図と地の反転図形』（1921年）と呼ばれるもので、デンマークの心理学者ルビンが提案した図である。

　これはドイツのコフカ、ケラーが創案した『ゲシュタルト（形態）心理学』の"図形と素地"（略して"図と地"）のモデルであり、いわゆる『場理論』の出発点である。

　右は"騙し絵"の1つで視点によって立方体の個数が違う図である。「白と黒」というルビンの類似物として紹介しよう。

　さて、個数の差は何によるのか？

果物盃？　ニラメッコ？
『ルビンの盃』

正面6個　逆さ7個　ナゼ？

関連問　右は算数に関係ある図である。何かを答えよ。
　またルールがわかったら、あと4つをつけ加えよ。
　ヒント：黒地がクセモノ。

I　"つれづれ"の思索からの発見

柔軟な発想
『ゲシュタルト心理学』への興味
タイプXIV●何事にも疑問視

"心霊写真"といわれるものがある。

ふつうの人物写真や風景写真のバックに、ボーと薄く人間らしい顔や姿が写っている、というものである。

心霊を信じる人には悪いが、これらの写真はフィルムや光線、現像上、その他のことによる"図形と素地"の問題にすぎないといえるだろう。

では、次へ進もう。

立方体を積み上げた箱の個数の問題である。

これは「白と黒」（光と影）の"騙し絵"に関するある種、錯覚に似たもので、上と下を逆にしたことによる。

似た例として、右の2例がある。

図1は、正面が赤ちゃん、逆さは豪傑

図2は、布によって下、上を隠すと、

　上は角材、下は棒材

といった「1つの絵（図）が、別の視点で違う発見がある」というものである。

以上のいろいろな絵（図）は決して特別なものではなく、街を歩いていても家の屋根や電線などでフッと見えたりするものなので、そんな発見をして楽しむようにしよう。

心霊写真

図1
（正面 赤ちゃん）
（逆さ 豪傑）

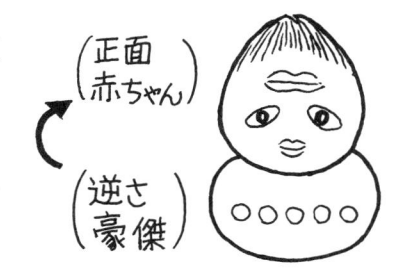

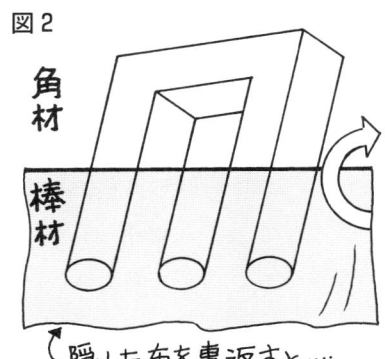

図2
角材
棒材
隠した布を裏返すと……

12 "女性と男性" 何がどう違うか？

　「女性は"女"で生まれたのではなく，"女"に育てられたのである。」という言葉を目にしたことがある。たしかに現在までの長期にわたった『男社会』の中では女性が"女"を求められたことは多いであろう。しかし，これは少し誇張しすぎる言葉である。

　右の表は，「絵画教育」の皆本二三江氏による幼児調査結果の一部であり，

(1)自由画の性差 (2)関心の傾向 (3)色感の相異などの分野を示すものであるが，男女差は，幼児から始まっていることがわかる。

　少し成長した中学生の男女ではどうか？東京都教護院(現児童自立支援施設)での非行中学生に対する調査では性差が見られた。

(1) どのような違いがあったか。

　また，成人男女について次の調査もある。

(2) ①相手を待つ，待たせる時間の限度。
　　②トイレに要する時間の差。

　上記3点について答えよ。

関連問 中学校9教科で，男女の学力差の出るものがある。それは何か。

(1) **自由画の性差**

モチーフ＼性別	男児(%)	女児(%)
動くもの	92.7	6.7
太陽	50.8	76.5
家	17.7	33.5
花	7.2	57.0
人間	26.6	93.6

(2) **関心の傾向**

　男児 － 強いもの，スピードのあるもの，車，ロケット，スポーツ

　女児 － 人間や自然，男児に比べ絵のパターンが似ている

(3) **色感の相異**

　男児 － ○水色，赤，黒など冷暗色を好む
　　　　 ○クレヨン8本
　　　　 ○線や形に敏感

　女児 － ○肌色，桃，黄，水など暖色
　　　　 ○クレヨン10本
　　　　 ○線より色

I "つれづれ"の思索からの発見

"相異"とはどんなことか？
柔軟な発想　タイプⅢ●無関係に目を向ける

幼児では，すでに男女差が見られた。中学生の年齢での差はどうであろうか。で非行少年の場合では，右の表のような差異があるという(1)。

中学生男子	中学生女子
○万引（83％）	○家出，外泊（86％）
○バイク・自転車の盗み	○盗み
○侵入盗	○性非行
○怠学	

続いて成人の場合になる。

(2)-① 時計メーカーの『セイコー』でインターネットを使った男女計500人の回答による結果が右のようである。

これには男女差がないようであった。（むしろ性格差）

友人らとの待ち合わせ
　　待つ限度　　25分
　　待たせる限度　17分

恋人
　　待つ限度　　30分
　　待たせる限度　20分

(2)-② 劇場，デパート，ビル事務所などのトイレ数の決定は男女比，占有時間などの調査にもとづくという。

デパートでのトイレ使用（平均）

男子　小便器　24.6秒
　　　大便器　203.5秒

女子　便器　　80.7秒

〔参考〕男女の性的差異。

男性の傾向	女性の傾向
○遠い環境，構成的・抽象的事物に注意を向けることが多い。	○直接環境，既成的・具体的事物に注意を向けることが多い。
○物事の動的方面に注意を向ける。	○静的または完成した事物に気をうばわれる。
○事物関係に関心がある。	○事物そのものに関心がある。

(注)『差異心理学』（三好稔著，金子書房）より，表にまとめる。

13 『頭脳五輪』というオリンピック 何を競うのか？

西暦2004年8月に「オリンピック発祥の地ギリシアのアテネ」で，オリンピックがおこなわれたが，その前後はたいへんなさわぎであった。

その1つに右の『頭脳五輪』の情報である。キャッチフレーズは

"駆け引きと頭の良さで金メダルを！"

ちょっと考えると，スポーツ系からはおもしろくないカモ。

それはさておき，2007年イタリアのトリノで実現を目指すという。

『世界ブリッジ連盟』のダミアニ会長の提案で，上記4競技。合わせて50カ国以上から3000人参加の構想という。

ところで，4競技の国際組織の参加国・地域の数はどのようになっているのであろうか？

右表はそのヒントである。

残り3つのおのおのを線で結べ。

頭脳五輪
○ 囲　碁
○ チェス
○ ブリッジ
○ チェッカー

国際組織の参加国・地域	
○ 囲　碁	○ 161
○ チェス	○ 50
○ ブリッジ	○ 60
○ チェッカー	○ 119

関連問　『頭脳五輪』という点では，数学界がその先達である。いわゆる『国際数学オリンピック』であるが，これはどのような伝統，組織になっているか。

"頭脳"にも競い方がある
柔軟な発想　タイプⅩⅠ●他からの刺激

　"『国際競技連盟連合』（GAISF）というものがあり年次総会がおこなわれている"と。

　この会は"競技"とあるので体育系だけと思うであろうが，競技の中に，頭脳スポーツとして遊戯系も属しているとは，多くの人が知らないであろう。ともかく前ページの正解は右のようであるが，ほぼ常識的なので当てられたと思う。

種目	参加国・地域
チェス	161
ブリッジ	119
囲碁	60
チェッカー	50

（愛好者総数10億人以上）

　ここでは，ブリッジとチェッカーの競技について，簡単に紹介しておこう。

ブリッジ（bridge）	チェッカー（checker）
トランプを使い2人1組の4人ゲームで，味方同士向き合う。各人が1枚ずつ場に出した4枚中，最も強いカードを出した人が4枚取る。4枚ひとまとめにしたものを1トリックといい，味方が獲得したトリック数で勝負を決める。実戦では大変複雑な要素があり，理解するのに経験が必要となる。	下の市松模様状の盤で，駒は斜め前方に1目進み，進行方向の相手駒はこれをとびこえて取ることができる。最後に動かす駒がなくなった方が負けとなる。引き分けもある。 **並べ方と動かし方**

14 毎日, 目にする『カレンダー』何かを発見しよう

一般の人々は, 自然に数や図形に興味をもち, 考えたりするものである。

古今東西, 多くの『算数・数学パズル』が伝えられているのはそのことを示す。

手元にある小石や小枝なども算数・数学の遊戯の対象になっているのである。

さて, 『カレンダー』は, われわれが日々目にするもので, この数を使ったパズルもいろいろ工夫されている。

右に示すものは, 十字型の5数で
① 5つの数を加えた答 ⎫
② 十字の真ん中の数の5倍 ⎬ で①, ②が等しい。

という性質がある。

これは一般的にいえることか?

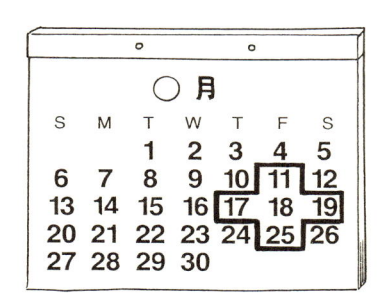

(例)
$11 + 17 + 18 + 19 + 25 = 90$
$18 \times 5 = 90$

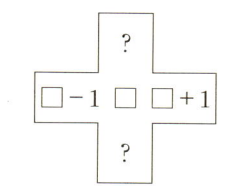

関連問 ある大地主が造成会社に土地を売り, この会社は右のように区画した。ところが, 四角形に隣り合わせた区画の4つの数の和が230になる場所に"宝が埋めてある"ことが遺言でわかった。それはどこか。

(例) $18 + 19 + 24 + 25 = 86$

I "つれづれ"の思索からの発見

柔軟な発想 「身近」から興味をもつ
タイプⅤ● 変化に注目する

いま真ん中の数を x とすると，条件から次の式ができる。

$(x-1)+x+(x+1)+(x-7)+(x+7)=5x$

これより①＝②が確かめられる。

再度，具体例で調べてみよう。

真ん中の数を21とすると，右のようになる。①，②で

① $14+20+21+22+28=105$

② $21×5=105$

となり成り立つ。

カレンダーの数については，まだ種々の性質があるが，少し高級なものに「合同式」がある。

たとえば，前ページの表で，木曜日の3，10，17，24は，すべて7で割った余りが等しいことから次の式で示す。

$3\equiv 10\equiv 17\equiv 24\ (\bmod 7)$

mod 7とは「7を法として合同」の意味である。（法とは割ること。）

最後に，何百，何千年たっても月日と曜日が一定の『万年暦』を紹介しよう。実にうまくできている。

（注）Wは「世界休日」を示す。

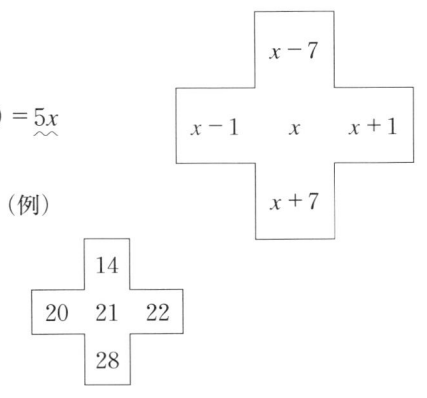

（例）

```
        x-7
x-1   x   x+1
        x+7
```

```
     14
20   21   22
     28
```

世界万年暦（1930年）

曜日月	日	月	火	水	木	金	土
1	1	2	3	4	5	6	7
4	8	9	10	11	12	13	14
7	15	16	17	18	19	20	21
10	22	23	24	25	26	27	28
	29	30	31				
					1	2	3	4
2	5	6	7	8	9	10	11
5	12	13	14	15	16	17	18
8	19	20	21	22	23	24	25
11	26	27	28	29	30		
							1	2
3	3	4	5	6	7	8	9
6	10	11	12	13	14	15	16
9	17	18	19	20	21	22	23
12	24	25	26	27	28	29	30 W

15 1秒間に計算2千兆回！「このこと」実感できる？

　西欧の15～17世紀は"大航海時代"といわれ，各国が未知の大洋に，植民地，貿易国を求め船出をした。しかし大きな危険も多かったことから，天文観測が必要とされ，天文学的計算処理のため，『計算師』という計算専門家が輩出した。

　これは現代のコンピュータに相応するといえよう。

　今回（2004.5.31）東大を中心とした研究グループが，「1024個の演算装置を組み込んだ集積回路を2千個以上，並列につなぐ。2百万個の演算装置が同時に動き，1秒間に2千兆回の計算ができる。」に成功したという。2千兆回を実感してみよう。

関連問 2002年12月6日，東大の金田康正教授が超並列スーパーコンピュータを使い，円周率を1兆2411億桁まで求めた。

　この数字を右の厚さ0.1mmの用紙に印刷すると，その高さはいくらになるか。

〔参考〕1秒に1桁ずつ読み上げると約4万年かかる，という。

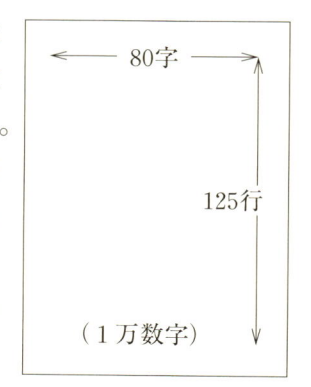

（用紙：80字 × 125行，1万数字）

「とてつもないもの」への挑戦
柔軟な発想　タイプⅩ●空想的着眼

前述の大航海時代は地球規模，現代は宇宙規模。ともに超計算時代として似ているし，かつての

　『計算師』⇒「コンピュータ技師」

といった共通点もある。

参考までに，当時の『計算師』たちが手広く活躍した範囲は右のようで，数学界と社会への貢献度は大変なものだった。いまやコンピュータもそれに近くなっている。

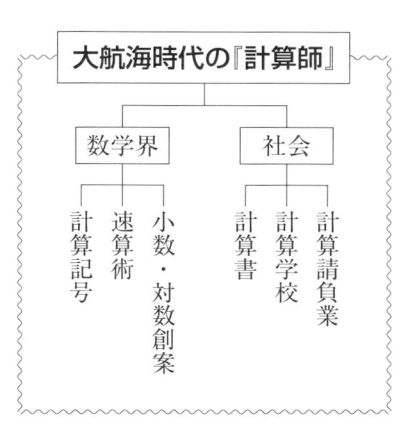

大航海時代の『計算師』
- 数学界
  - 計算記号
  - 速算術
  - 小数・対数創案
- 社会
  - 計算書
  - 計算学校
  - 計算請負業

さて，"2千兆回"の実感であるが，まず頭に浮かぶ大きなものに，次が考えられる。

① 100歳まで生きた人の脈拍回数
② 「1万円札」を2千兆円用意した枚数
③ 地球の人口62億人として2千兆人は何倍
④ 地球誕生は46億年前という年数は2千兆年の何分の一
⑤ ある銀河系の星まで2千兆メートルとしたとき何光年

以上の計算では電卓など使い，$a \times 10^n$（$0 < a < 10$，整数）の式で表すことになる。たとえば①では1秒1回の脈拍として

$$60^回 \times 60 \times 24 \times 365 \times 100 = 3{,}153{,}600{,}000^回$$
　　1年間の脈拍数　　　　　≒ 3×10^9 回

一方，2千兆回は，次のようになる。

$$2{,}000{,}000{,}000{,}000{,}000 = 2 \times 10^{15} \text{回}$$

まずはこのように②〜⑤も計算し，楽しんでいただくことにしよう。

16 向日葵(ひまわり)はゴッホよりフィボナッチだ！

"向日葵と言えばゴッホ"

彼はオランダの画家で南フランスのアルルに住み，有名な『ひまわり』など多くの傑作を描いたことで知られている。

しかし，これは一般美術での話で，ひとたび数学界での『ひまわり』は――。

13世紀イタリアのピサの商人フィボナッチの存在を忘れてはならない。

彼はゴッホより600年も前の人であるから「モンク，アッカ！」である。

では彼と『ひまわり』との出会いは何であったか？

ヒント：下は特別なルールをもつ数列である。そのルールを発見して□をうめよ。

1　1　2　3　5　8　13　□

ゴッホ（1853〜90）

旧住居前の公園内のフィボナッチの銅像

関連問　15世紀以降のヨーロッパ数学への貢献が大であった彼の名著『Liber Abaci』（1202年）がある。

どのような本と思うか。

Ⅰ "つれづれ"の思索からの発見

柔軟な発想

１つのことから話題を拡げる
タイプⅤ ●変化に注目する

フィボナッチは商人として，近隣諸国を旅し，自国より優れたものを発見し，それを持ち帰る，ということをしてきた。

古来から，多くの商人が『数学』を持ち帰って自国へ伝えている（右）が，フィボナッチもその１人である。

さて，数列の答を出してみよう。

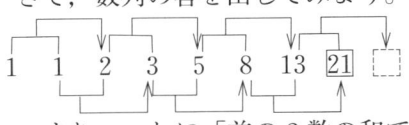

1　1　2　3　5　8　13　21　□

つまり，つねに「前の２数の和で作られる数列」である。

一般に $a_n = a_{n-1} + a_{n-2}$

これが有名な『フィボナッチ数列』と呼ばれるもので，この数列が意外に自然界その他に見られ，その代表が『ひまわり』の種の並びであった。

右上のように，「右・左回りの並び」の１組で，種の数が，つねにこの数列になる，というわけである。

植物界では，『松かさ』『パイナップル』などにもこの数列が見られる。

〔参考〕美人画の中原淳一も「ひまわり」をこよなく愛した。

商人の数学運搬

○紀元前６世紀ターレス
　エジプトから『測量術』
○紀元13世紀フィボナッチ
　アラビアから『計算術』
○紀元17世紀毛利重能
　中国から『算盤（そろばん）』

（8，13），（13，21）などの対が見られる。

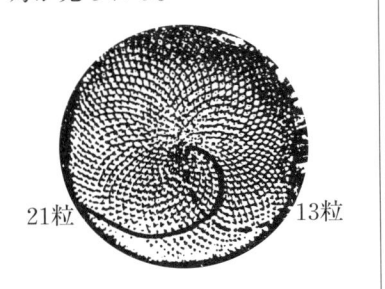

21粒　　13粒

松かさ

17 幽霊と悪魔 どっちが怖いか？

　人々を"架空の世界"でこわがらせている東の幽霊，西の悪魔について，「日本人はどちらを怖いとしているか？」といった難問を考えてみよう。

　幽霊とは，死者が成仏できず，この世に迷い出て現した姿（亡魂）

　悪魔とは，神仏の教えを邪魔し，人を悪に誘う魔物

と，辞書にある。

　さて，この怖さの結論を得るには，どのようにしたらよいか。

関連問　人間の感情，感性に関するもの，たとえば，「好き，嫌い」や「おもしろい，つまらない」「楽しい，怖い」などは，かつて数学の対象にならなかった。

　しかし，右のような対極（対立）のものも最近は数学が研究に取り組んでいる。

　第一歩はどのような手法によっているのか。

数学⇄文学	
客観	主観
論理	情緒
理性	感性

Ⅰ "つれづれ"の思索からの発見

数量化がすべてを決する
柔軟な発想　タイプⅩ●空想的着眼

「幽霊と悪魔，どっちが怖い？」の答は，右下のグラフである。

この調査は，私が埼玉大学教授時代講義聴講学生（文系，理系それぞれ約80人）に対し，架空生物"幽霊，悪魔のほか，妖怪，鬼，海坊主，雪男，天狗，宇宙人，天使など9種のもの"について，右の要領で調査したものである。

$\left(\begin{cases}いてほしい\\ほしくない\end{cases}\begin{cases}好き\\嫌い\end{cases}\right)$ の2軸による座標平面上に，点をとって示したものがグラフになっている。

この数量化されたグラフからわかるように，

① 文・理系とも上記両者は，「いてほしくなく，かつ嫌い」と考えている。
② 嫌いの度合いは，ほぼ同じだが，文系の方が「いてほしくない」度が強い。

（注）○男女ではもっと相異がある。
　　　○他の架空生物についても見てみよう。

資料収集から結果まで

(1) テーマを決める
(2) 質問方法とその整理
（質問例）○を記入する

観点＼内容	いてほしい	いてほしくない	好き	嫌い
幽霊				
悪魔				

(3) 多人数にアンケートをとり

数量化 $\left(例\begin{cases}+1\\0\\-1\end{cases}\right)$ する

(4) 集計し多数決による結論
　○性別，年齢，地域など
(5) グラフ化し，直観化する

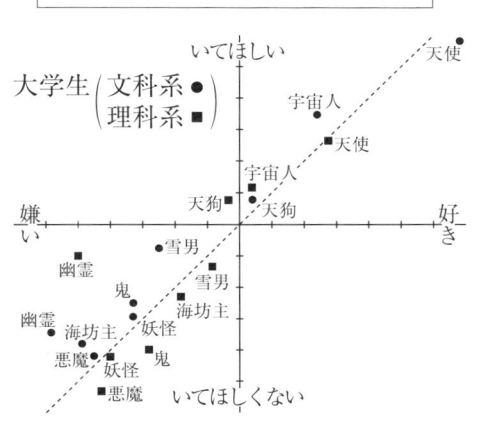

大学生 $\begin{pmatrix}文科系●\\理科系■\end{pmatrix}$

コラムI　"天国"って，本当にいいところ？

◆1話◆ タイムスリップ

　A君が『タイム・マシン』に乗って30年前の昔にさかのぼったところ，そこで若い美人と知り合った。ところが彼女にはすでに恋人がおり，A君はその彼と決闘することになる。

　彼はA君の未来の父になる人であるが，もしA君が勝ったら……。

　将来はどういうことになる？

◆2話◆ 地の果て

　宇宙に"地の果て"があったら，どういうことになるのだろう。

　「果て」というからには「終り」があり，大きな壁でもあるのか？と，なると壁の向こうは何か，もし壁がなければ……。

　いつも空を見て不思議に思うが，どうか？

◆3話◆ "天国"って，本当にいいところ？

　上は政治家，有名芸能人，タレントをはじめ，下はわれわれ庶民の間で，知人などの葬儀で弔詞（詩，辞）が述べられるとき，宗教，宗派に関係なく，「天国で懐かしい人々とお会いし…」と述べる人が多い。

　死んださきに"天国"や"極楽"がある，ということを認めると，その地に，すでに故人となったものすごい数の人々が，生活していることになる。「地球上の現世とは異なる」としても衣食住や日々の生活はどうなっているのか？

　そこは誰も年をとったり，死んだりしないのか？

　限りない矛盾を感じるが，どうか？　でも信じるか。故人に会うため。

関連問の解答

1 (16ページ) 小数も分数も「無限個ある」という点では同じ仲間になる。しかし包含関係では、右のようになり、"濃度"では小数の方がこい。
分数は(分子)÷(分母)で小数になるが、小数のすべては分数で表せない。非循環小数の $\sqrt{5}$, π, $\sin 10°$ などは分数にならない。

〔参考〕種類

小数 { 有限小数 / 無限小数 { 循環小数 —— 分数 / 非循環小数 }

分数 { 真分数 / 帯分数 / 仮分数 { 繁分数 / 連分数 }

2 (18ページ) ……は無限を表すので ＝(極限で等しい)でよい。もし 1.999 なら 2 ≒ 1.999 と ≒ を用いる。

3 (20ページ) 整数値でイ＜3、レ＞メの条件から次のものなど10個ある。

```
   41      52      62      51
  +31     +12     +32     +31    ・・・
  ───     ───     ───     ───
   72      64      94      82
```

4 (22ページ) その代表は 0 で、次のようである。
・身長173.0cm の 0
・0乗で形がそろう

$1 \to 2^0$
$2 \to 2^1$
$4 \to 2^2$

・二次方程式の一般形化 $3x^2 = 0$ は、完全三次式 $3x^2 + 0x^1 + 0x^0 = 0$ と見る。

5 (24ページ)
たとえば右の図のように補助線を引くと、できそうで証明できない。
右図では DE の延長上に DE=EG となる G をとると、四角形 DBCG は平行四辺形となり、簡単に証明される。

6 (26ページ) これの答は p.146にある。空中分解した BOAC 航空機の事故発生の高度と地点がこの変換の考え（射影変換）で求められた。

7 (28ページ) 死角は図の斜線部分 3カ所となる。

⑧ **(30ページ)**
　ヒント：$a^2 - b^2 = (a+b)(a-b)$ の公式を利用する。
$$104 \times 96 = (100+4) \times (100-4)$$
$$= 100^2 - 4^2$$
$$= 9984$$

⑨ **(32ページ)**「加法九九」と「乗法九九」この両方を記憶していたことに気づいた。そうでないと小銭を1枚，2枚と計算することになり，また減法も，加法でしか計算できない。

⑩ **(34ページ)** ほとんどが，紀元前5世紀の整数論者ピタゴラスの創案。
○偶数，奇数，素数，合成数
○不足数，完全数，過剰数
○ ｛三角数，四角数，五角数……
　　三角錐数，四角錐数……
○親和数，聖なる数，神の数
　　　　　(36)　　　(365)
○ピタゴラス数（3：4：5など）
など多数ある。シェヘラザード数(1001)

⑪ **(36ページ)** 図案？の真ん中で折ると，右のように1〜5が見えてくる。あと4つとは。

⑫ **(38ページ)** 次の表は，かつて東京都で高校入試に全教科の試験がおこなわれた頃の資料である。各教科ごとの平均点の100点満点での男女差（男 − 女）を示したものである。

年度　教科名	1961年	1962年
国　語	− 0.4	− 1.0
社　会	＋ 7.0	＋ 8.8
数　学	＋ 8.5	＋ 13.2
理　科	＋ 11.7	＋ 13.1
音　楽	− 2.4	− 1.3
図　工	＋ 4.8	＋ 1.2
保・体	＋ 3.2	＋ 3.4
職・家	＋ 5.2	＋ 4.2
英　語	＋ 1.0	＋ 0.8

(注)古いが全教科はその後なく大変貴重。

⑬ **(40ページ)** 中学・高校生を対象とした国際的な学力テストで各国6名ずつ参加。
第1回は1959年ルーマニアで。以後毎年国巡りで開催（p.5参考）。

⑭ **(42ページ)**
$x + (x+1) + (x+6) + (x+7) = 230$
これを解いて $x = 54$
よって　54, 55, 60, 61

⑮ **(44ページ)** $(1.24 \times 10^{12} \div 10^4) \div 10^4 \doteq 1.24 \times 10^4 \text{(m)}$　約12.4km

⑯ **(46ページ)**『計算書』でインド・アラビア数字と計算法を西欧に紹介した本。これには，まだ小数はない。

⑰ **(48ページ)** 多数の人を調査し，数量化する。

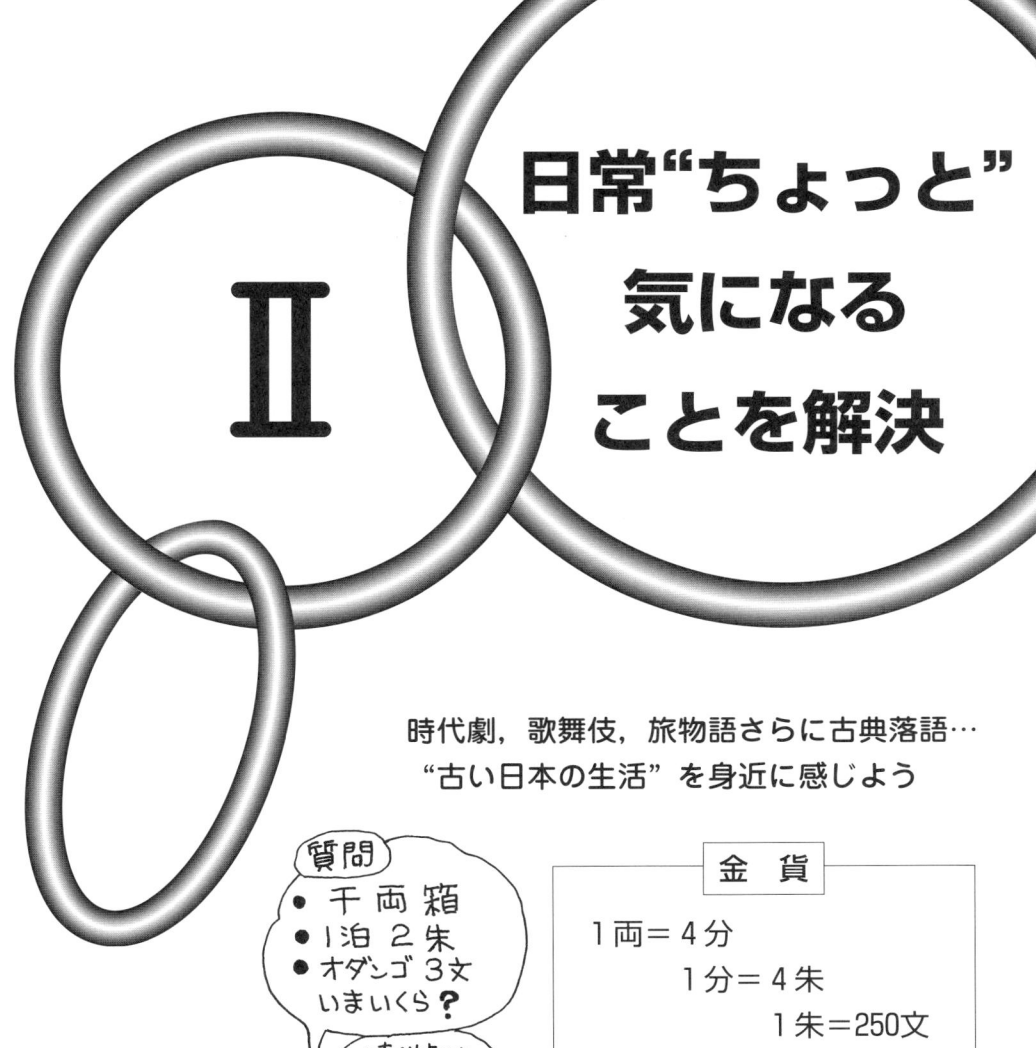

II 日常"ちょっと"気になることを解決

時代劇，歌舞伎，旅物語さらに古典落語…
"古い日本の生活"を身近に感じよう

【質問】
- 千両箱
- 1泊2朱
- オダンゴ3文

いまいくら？

古典落語もわかりやすくなるんだヨ

時代劇を理解するにはこれを知れ

金貨

1両 = 4分
　　1分 = 4朱
　　　　1朱 = 250文
　 = 4000文

――いま――
1両 = 4万円とすると，
1分 = 1万円
1朱 = 2500円
☆1文 = 10円

1 木製オモチャの大量生産法は？

　江戸時代には，ゼンマイなどを使った動く人形――からくり人形――があり，お茶を運ぶなど高級オモチャが考案されたりしていた。

　オモチャの歴史は古いが，世界的に，乳幼児に与えるオモチャとして，安全な木製のものが多い。

　柔らかく角がない上，色があざやかで見た目が楽しい，などの長所があり，どの家庭でも見ることができ，大人にも想い出深いものであろう。

　これは，ドイツ製品が有名である。

　某テレビ番組で，ドイツの片田舎にある古びたオモチャ工場で，「原始的で簡単な工具」によって見事に可愛いオモチャを作り上げている場面を放映していた。老いたマイスターによる心こめた手作業である。

　見方によると，"数学のアイディア(型作り)"を上手に利用した方法なので，私はいたく感動したのである。

　では，その方法とはどんなものだったのか，予想し考えてみよう。

関連問　(2数の和)＝(2数の積)
　　　　をいくつも生産できる公式（型）を求めよ。
　　　　ヒント：$\left(3+1\frac{1}{2}\right) = \left(3 \times 1\frac{1}{2}\right)$

Ⅱ　日常"ちょっと"気になることを解決

原始的方法による解決
柔軟な発想　タイプⅢ●無関係に目を向ける

　機械化による大量生産時代以前は，生活用品や武具など，1つ1つをコツコツ仕上げる，いわゆる手作業，手工業であった。

　近年の鉄砲時代になったとき，

(A)　1丁をすべて1人で作る

(B)　部品に分け，分業制で作る

の2方法に対し，後者の方が圧倒的に早くかつ大量に規格品が作れることから分業制がとられ，これが近代的な機械による大量生産法になったという。（その代表が自動車など。）

　しかし，最近では，ある種の組立て製品で"部品にオシャカ（不合格品）"がふえ，「1品個人担当制」という責任主義が採用され始めている，と報じられていた。

　玩具(がんぐ)の国ドイツでは，木製オモチャ作りに，原始的方法のロクロ(A)によって，大量生産(B)をしている。矛盾の克服！

ある種の組立て製品

手工場時代
⇩
分業大量生産時代
⇩（品物により）
個人責任制時代

コケシを作るロクロ機械(A)

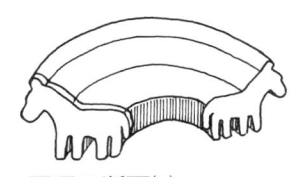

円環の断面(B)
（合同なものがいくつも大量にできる）

2 抽象画や俳句と数学の共通点は何か？

いかにも"成り上がりの貴婦人然"とした中年女性が画廊を訪れ，

　婦人「これはセザンヌのもの？」
　画商「いえ，ルノアールです。」
　婦人「これいいワ，ゴッホですね。」
　画商「ちがいます。ゴーギャンです。」
　婦人「これはピカソ？」
　画商「イエ，鏡です。」

以上は『落語』の一節で，そのオチがおもしろい。（ワカルかな？）

さて，ピカソ，カンディンスキーといえば，"抽象画"の巨匠として有名であるが，彼らは具象物から，何を捨てたのか。

また，捨象の極致といわれる俳句はどうか。

関連問　算数・数学でごく自然に使っている数"5"は実在せず，右のような数量の不用物（単位）を捨て去った"抽象数"である。

他にどのようなものがあるか。

たとえば図形関係の例を。

世の中に"5"は存在せず

5人　5個　5本　5g　5m

⑤

○　○　○　○

Ⅱ 日常"ちょっと"気になることを解決

不用物を捨てる考え
柔軟な発想
タイプⅩⅡ ● 詩的な感性

　松尾芭蕉（1644〜94）は，やや反逆的で「当時の流行語，歌謡などシャレのめし，古風俳諧へ抵抗した」と見られる処女撰集『貝おほひ』（1672年）を出版したのが始めで，51歳の死まで旅をしながら俳句を作った。その特徴は，

　○発句に閑寂趣味を導入して純化
　○季語，季題に詩情としての季感を与える

などで，この世界に業績がある。

（注）右が芭蕉の有名な俳句
　　「蚤虱馬の尿する枕もと」
　　の作られた場所である。

『尿前の関』『封人の家』

「不用物を捨てて純化したものを作る」という基本的に共通点がある俳人芭蕉に興味をもった"数学者の私"は，何日もかけて「芭蕉の旅した道」を歩いたことがある。

両者共，不用物を上手に捨てる

俳人（芭蕉）　　数学者（仲田）

どちらも広く旅をした

　"純化する"という発想は，数学の長い歴史上で，とりわけ紀元前5，4世紀ギリシアのエレア学派やソフィストたちの投げかけた数々の『パラドクス』が，当時「発展し続けた数学（幾何学）上の矛盾をゆさぶり，その結果これを純化，脱却した末，隙のない『学問』に築きあげた」という過去がある。

3 江戸っ子の数遊び "役者当てっこ"とは？

　『百人一首』が「かるた」として正月遊びとなったのは，江戸時代の初期と言われている。

　元禄年間（17世紀）は，広く庶民の「かるた遊び」として楽しまれた。

　このかるた競技では，"読み上げ役"が，無順序に読み上げることになるのであるが，人間のやることであり公平を期するのはなかなか難しい。

> **百人一首**
>
> （小倉百人一首の別称）藤原定家が天智天皇から順徳天皇までの時代（662～1211年）の代表的歌人の歌を一首ずつ集めたもの。

　これを自動的に無作為（ランダム）で読み上げる装置を開発した人がいる。趣味の百人一首で家族に負けたのがきっかけという。『全日本かるた協会』の監修を受け，1年かけて完成した。1台約3万円の品。（以上は余談。）

　さて，話を江戸時代にもどすが，江戸の庶民は百人一首やすごろくと同様に，数学を応用した浮世絵による"役者当てっこ"をして，湯屋や床屋などで遊んでいたという。

　これは数字がランダムに並んでいるようで，「数の手品」のように見えるが，実は"16の剰余系"を利用しているもの。

　これはどのような遊びと想像されるか？

関連問　"16の剰余系"とはどのようなものか。
　　　　ヒント：1週間の曜日
　　　　　　　（42ページ，カレンダー）

Ⅱ 日常"ちょっと"気になることを解決

柔軟な発想
数遊びでは数分析
タイプⅧ●逆思考への挑戦

○は役者 16人の顔
これは固定（①）
回転する（②）

　前ページでは勢い余って，「どのような遊びか想像せよ！」などと言ってしまったが，少々無責任だったと反省している。

　で，この遊びを朝日新聞（2004年5月10日）の新藤茂氏の記事を参考にして紹介しよう。右のように，

①役者の顔が並ぶ絵　　　　　　　　　　　　　　　　　　　　　　
②数字の並ぶ数字盤（上）　 がセット

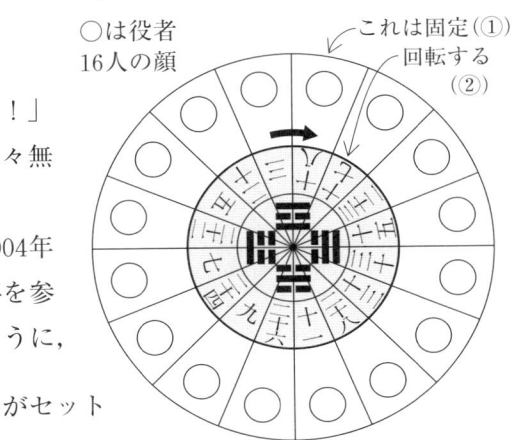

歌川国安画「新板役者目附絵」（新藤茂氏が発見，解明）より

遊び方　①の上に②を載せ，当てる人は盤を見ないで，相手に盤を回させて，好きな役者のところで止めてもらう。そして，その役者に対応する数字盤の数だけ相手に時計回りに数えさせ，到達した役者名を当てる。

当て方　相手がどの役者を選ぼうと，必ず17に対応する役者になるので，それを指せばよい。

当て方のトリックを調べてみよう。

盤で反時計回りに

3 ←18(2)
5 ←20(4)
7 ←22(6)
9 ←24(8)
11 ←26(10)
13 ←28(12)
15 ←30(14)
17(1) ←32(0)

　16分割した数字盤の数字並びは，一見"でたらめ"（ランダム）のようであるが，各数を16で割った余り（16の剰余系）に代えると，右のように17(1)から18(2)，3(3)と順に32(0)まで整然と並べてある。

（注）43ページの mod 7 を見よ。

　"でたらめ"に見えるのがトリックになっている。

〔参考〕同種の遊びで，2進法による"干支当て"（162ページ関連問）が有名。
（注）さらに興味のある方は，東京理科大学発行の『理大　科学フォーラム』（2004年6月号）を参照。

4 ゴルフの「ホール」の深さ 計算で求めよう

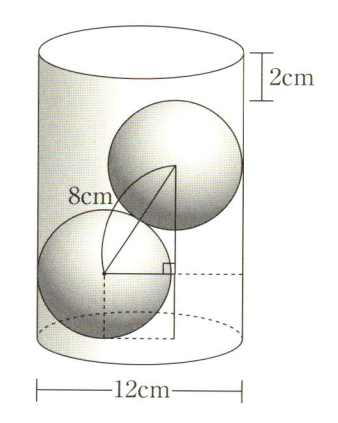

　ゴルフは，オランダかスコットランドが発祥地とされ，500年以上の歴史をもち，ルールもいろいろあるスポーツである。
- ホールは，グリーンの適当な位置に，直径約10.8cm，深さ10cm以上
- ボールは，スモール・サイズでは直径4.2cm，良質のゴム製

などと規定されている。

　いま，これを問題にするため，少し条件を変え，ボールの直径を8cm，ホールの直径を12cmとし，2つのボールが右上のように入っているとき，このホールの深さはいくらかを考えてみよう。

関連問　ある使われなくなったゴルフ場では，雑草が茂っていた。

　たまたまグリーンのホールを見たら右のように穴の真ん中から1本の雑草が地表から2cm出て生えていた。先端をフチまで引いたら，ちょうどホールのフチの高さであった。

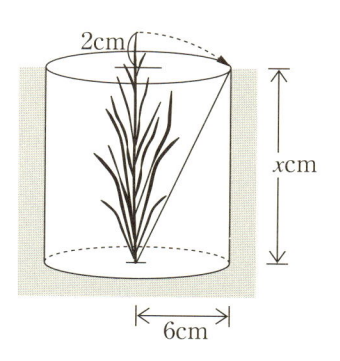

　ホールの半径を6cmとしたとき，このホールの深さはいくらか。

II 日常"ちょっと"気になることを解決

柔軟な発想

空間イメージをもつことが大切
タイプⅧ 場所,場面を変える

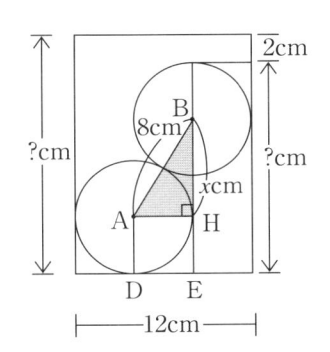

ホールの深さを知るため,見取図から場面を変えて断面図を描いてみると,BHの長さを求めればよいことがわかる。

ここで直角三角形 BAH で,

BA = 8 cm, AH = 4 cm から三平方の定理により, $BA^2 = AH^2 + x^2$

$$64 = 16 + x^2$$

これより $x^2 = 48$

よって $x = 4\sqrt{3} ≒ 6.9$ ($x > 0$)

これより,ホールの深さは

2 cm + 4 cm + 6.9cm + 4 cm = 16.9cm　約17cm

さて,一件落着したところで,少し話題を発展させよう。

いま,上の断面図で,ホールにボールがピタリと入った図を想像し,その回転体を考えると右のような円柱に球がスッポリ入ったものになる。

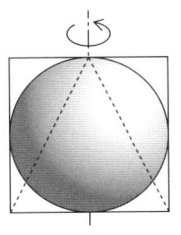

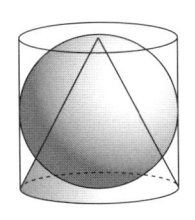

これは有名な"アルキメデスの墓"といわれる。

ナント表面積も体積も(球:円柱)が2:3という美しい比で,アルキメデスが感動しこの様な形の墓を希望したという伝説である。

ではさらに,円錐(三角形の回転体)はどうなるであろうか。3つの体積比が美しい!

5 "アベック散歩道"で考えるアレ，コレ

ある町の公園に，右のようなヒョータン型のアベック散歩道がある。

何にでも好奇心をもち，考えごとの好きな青年が，次のことに興味をもった。

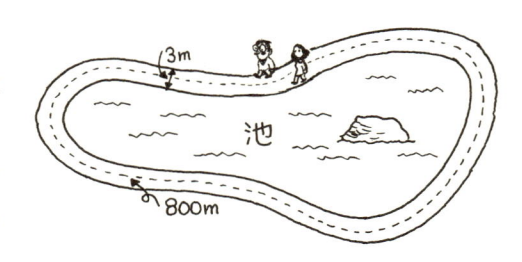

(1) この池を円型にしたら半径いくらの円になるか。
(2) 男女2人が女は内側，男が外側（つまり両者が3m離れて）歩いたとき，2人が歩いた距離の差はどれほどか。
(3) ここを管理している人が，散歩道にジャリをまきたいため，この道の面積を計算したが，いくらになったか。

さて，(1)〜(3)を計算してみよう。

関連問 右の図で，半径 r の円周Aと，半径が3m長い円周Bとでは
① 周の長さはいくら違うか。
② 立体，たとえば地球で，赤道Aにそって3m離れた線Bでは，赤道よりどれほど長いか。

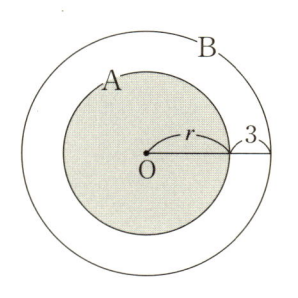

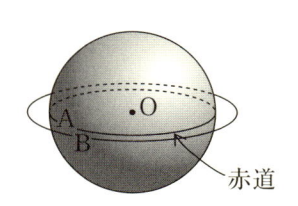

Ⅱ　日常"ちょっと"気になることを解決

基本性質を変えず変形する
柔軟な発想　タイプⅡ●突飛な着想をする

まずは，この青年の疑問に答えよう。

(1) できる円の半径を r m とすると，
$2\pi r = 800$　よって $r = \dfrac{800}{2\pi}$
$r ≒ 127.4$
これより，半径は約 <u>127m</u>

(2) 前ページの関連問①については
$B - A = 2\pi(r+3) - 2\pi r$
$\qquad = 6\pi$
$\qquad ≒ 18.8$（m）

男女の散歩道の場合も全く同じで，外側の男子が約18.8m多く歩く。

(3) まず，円環形（ドーナツ形）で考えてみる。

右の面積は丁寧に計算すると
（大円）－（小円）$= \pi(r+a)^2 - \pi r^2$
$\qquad\qquad\qquad\qquad = a(2r+a)\pi$
ところが
$(2r+a)\pi = 2\underbrace{\left(r+\dfrac{a}{2}\right)}_{\cdots\cdots\text{の円の半径}}\pi = l$

よって
　ドーナツ形の面積は al
これを一般化（ヒントの図）して
　散歩道の面積　$3 \times 800 = 2400$　<u>2400m²</u>

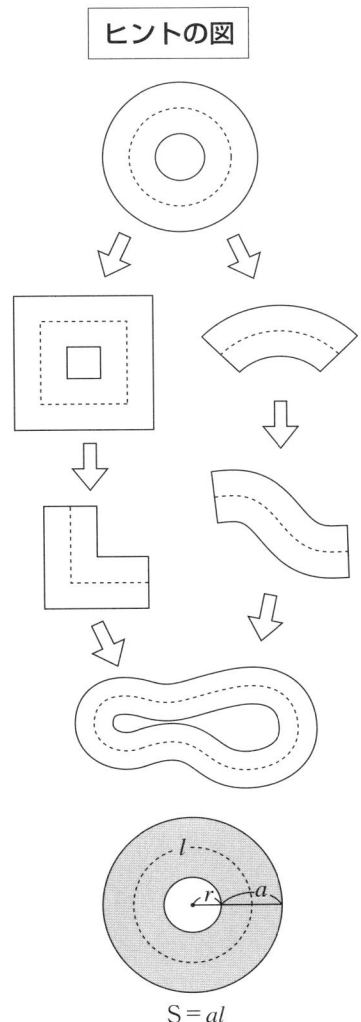

ヒントの図

$S = al$

63

⑥ 牧場主の苦労 三角形の最短辺？

"川に水をくみに行く道順" という問題はよく見かける。

ここの問題はそれをさらに、「ひとひねり」した難問である。

家から川まで行き、桶に水を入れて牧草地の水飲み場まで運び、そして家に帰る。

いま、これを数学の図にすると右のようで、つまり

「三角形 APQ で

　AP+PQ+QA を最短(小)

にしようとする点 P, Q を求めよ。」

である。挑戦せよ。

図1

図2

関連問　数学上の類題に、右のビリヤード型の問題、つまり、球 A をついて、2つの壁に当てて球 B に当てる、というもの。

これの点 P, Q を求めてみよう。

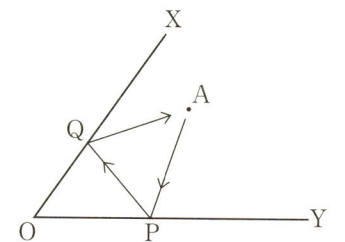

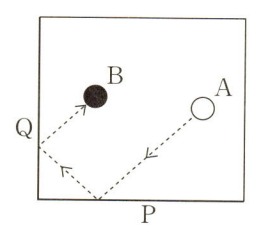

ヒント：こちらの方がやさしい。

物理の（入射角＝反射角）の利用。

Ⅱ　日常"ちょっと"気になることを解決

「直線が最短」という常識
柔軟な発想　タイプⅣ●奇妙なものに気づく

これは相当な難問である。

それは∠XOY（図2）が直角でないことで，そのため，できる三角形APQの形が不等辺三角形になることにある。

しかし，前ページ下のビリヤード型と共に，右の基本型の利用によって解決される。

では，解答を示そう。

点Aに関して線分OX，OYについての対称点A′，A″とし，A′A″とOX，OYそれぞれとの交点をQ，Pとすると，三角形APQの3辺が最短辺となる。

証明として，任意の三角形AP_1Q_1を作り，3辺の和を調べると

　　$AP_1 + P_1Q_1 + Q_1A$
　$= A″P_1 + P_1Q_1 + Q_1A′$
　$> A″P + PQ + QA′$　（$= A″A′$，最短）

となる。

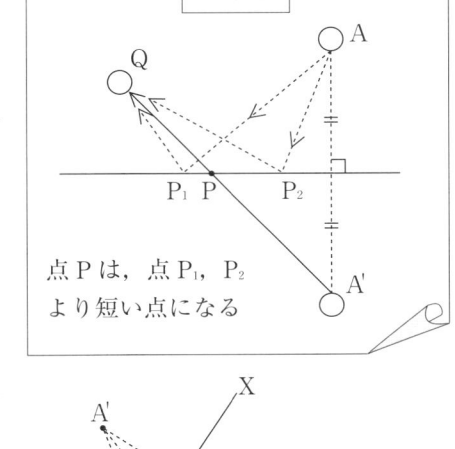

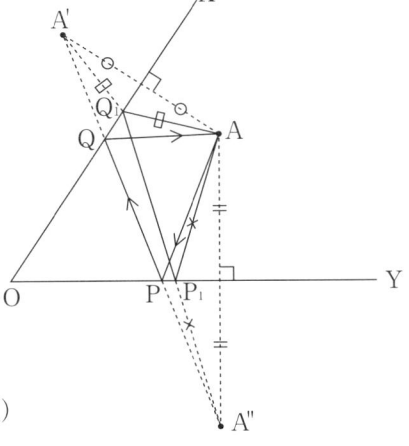

基本形

点Pは，点P_1，P_2より短い点になる

この問題解決で重要なことは，「作図ができた！」では終わりでなく，それが最短辺であることを証明しなくてはならないことである。このとき，"任意の三角形"との比較，が重要となる。

〔参考〕本項は家庭内や会社内の『動線問題』（最新数学の1つ）と関連する。

7 『サプリメント』とは？効果の測定法

多忙な上，あまり衆人の目にみっともない自分をさらしたくないタレント，芸能人たちが，自分の健康（運動）管理に使っているとして語るものに『通販（通信販売）のリモコン運動器具』が多い。

自宅においてあるので，暇なとき自由にできるという。（が，あまり続かないのがふつう。）

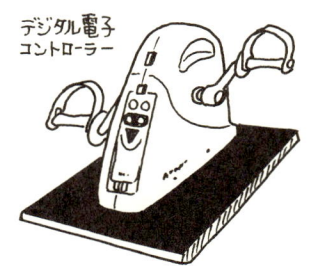

（例）　自動運動器具

最近は一歩進み，"機械が身体を動かしてくれて筋肉をつけ，脂肪をとる" という「怠惰な人間」には，もっけの幸いの自動運動器具が宣伝され売れている。

"健康のため！" という点で似たものが『サプリメント』（栄養補助食品）で，自然の食品から栄養物を摂取する手間を省き，栄養ズバリを口にしよう，という，いわば "手抜き" 品が話題になっている。

朝日新聞では右の項目について，「be モニター」3115人から回答を得て発表した。（2004年6月5日）

①～④のパーセントを予想してみよ。

アンケートの結果は？

『サプリメント』は
① まったく使わない
② あまり使わない
③ 体調｜季節｜によって使う
④ 日常的に使う

健康食品の効果に「科学の目」

関連問　数学においても "手抜き" 的発想の分野がある。それはどのようなものか？

〔参考〕サプリメント（補助食）
- 特定保健用食品（300種）
- 栄養機能食品（ビタミン，ミネラルなど）
- その他（効くこともあるが，効かない場合もある）

Ⅱ 日常"ちょっと"気になることを解決

柔軟な発想

人間の心身は統計通りでない
タイプⅣ●常識を打破する

　少し前の話であるが,「ココアが体に良い」と聞いたこととチョコレートが好きだったことで私は,『一口チョコ』を愛用し続けた。

　ところが原因不明の口内炎が発生し，なかなか治らない。

　念のためチョコ常用を止めたところ，炎症が治ってしまった。

（注）『一口アメ』も同様。

　私は「ココアか防腐材アレルギー」だったようである。元来"病気なし人間"なのだが，薬品系や健康食品系はダメなので，この調査には大きな関心があった。

```
         ┌ 緊急必要
         ├ 継続的必要      ┌ 吸収する
         ├ 栄養補充 ─────┼ 少々役立つ
   薬 ───┤                ├ 心理効果
         ├ 無関係          ├ 吸収しない
         │                ├ 無効
         ├ 害 (アレルギー  ├ 害？
         │    など)        └ ……
         └ ……
```

アンケートの結果

① 33%
② 20%
③ 18%
④ 29%

利用者
｛男6人に1人
　女4人に1人

（注）20代独身女性の4人に1人は「毎日サプリ」と。

　前ページのアンケート結果は右のようで，賛否ほぼ半々であるのが興味深い。

　それにしても市場規模1兆6千億円，国民1人あたり年1万円以上とはオソロシイ！

　次は『サプリメント』愛好家にはおもしろくない情報になるが，各種病状の病人に，「効果ある薬」としてメリケン粉を飲ませたときの軽快率実験がある。

　サプリメント調査の見出しにも"健康に必須か，気休めか"とあるのが本質をついている。

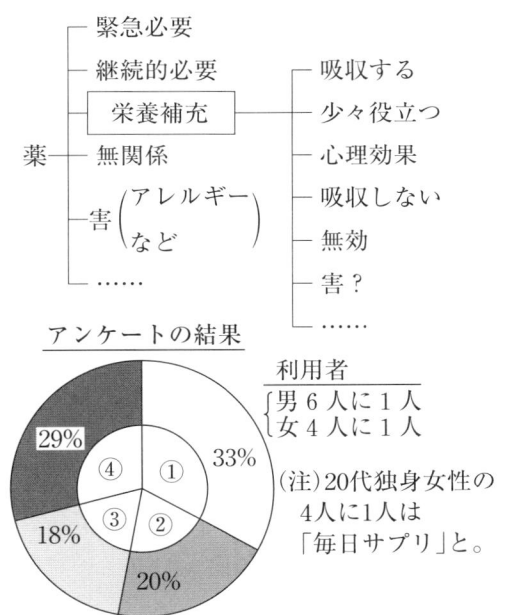

メリケン粉での回復率

症状	軽快率(%)
船酔い	58
頭痛	52
せき	40
かぜ	35
不安緊張	30

ビーチャー博士（米）
偽薬（プラシーボ）実験による。

8 "快眠・不眠と生活" 熟睡を促すもの

右の統計表はある酒造会社の働き盛りのビジネスマン（30〜50代）約600人に対する調査結果である。

Ⅰ，Ⅱとも，"十分な睡眠"がビジネスマンにとって重要であることがわかる。

一方で，次のようなものもある。
○ 修業のために睡眠をとらない
○ 不眠不休で勉強に努力する
○ 自白させるために眠らせない

人間にとって生活の $\frac{1}{3}$ といわれる睡眠は重要であるが，快眠度を簡単に測定できる小型センサーを開発した三洋電機によると，睡眠障害者は全国で1500万人いるという。

さて，上記小型センサーはどのような測定器か？

睡眠と生活

Ⅰ 健康と感じるのは
(1) 食欲がある時　　　57%
(2) 食事がおいしい時　53%
(3) ぐっすり眠れた時　52%

Ⅱ ストレス解消法
(1) 酒を飲む　　　　　57%
(2) テレビや映画を見る 33%
(3) 十分な睡眠をとる　32%

（宝酒造。2003年4月20日，朝日新聞）

"睡眠"の種類
- 快眠
- そこそこ
- ウタタネ☆
- 不眠
- 他

関連問　ヨーロッパ17世紀の30年戦争（宗教戦争）に参戦し，ドナウ河の河畔での野営中のウタタネ☆で2つの大発見をしたフランスの数学者がいる。

それは誰で，どのような発見か。

（吹き出し：デカンショ デカンショで半年くらす あとの半年ネテくらす）

Ⅱ 日常"ちょっと"気になることを解決

柔軟な発想

良薬，良法は個人差あり
タイプⅠ ●視点を転換する

"健康，睡眠"に関しては，
A．現状の測定（前ページ表）
B．効果の情報（右表）
C．結果の実証
が必要とされるであろう。

Aについて，小型センサーの構造は
○ 横60cm，縦10cmのシートで，2枚の薄い電極が絶縁膜を挟むという構造
○ 睡眠時にこれを敷くと，シートが呼吸や心拍，身体の動きのデータをとる

というもの。従来の測定方法は脳波や目の動きを計測するため身体に10数本の配線をしていた。

最後にCについての例をあげよう。"癒し系音楽"で熟睡を促す効果というもの。

東邦大学医学部坪井教授らの不眠症187人に対し3週間にわたる調査で，自己睡眠記録を3週間続

医者のすすめる睡眠法
(1) 食事はビタミンB_{12} （レバー，貝類， スジコ，卵黄など）
(2) 快眠体操 就寝前に肩の上下 （緊張，弛緩を交互 5〜10回する）
(3) 快眠ツボ 身体2つのツボを押す （百会（ひゃくえ）　頭頂 失眠（しつみん）　かかと）

（注）私は眠り過ぎる方なので，かえって不眠には興味がある。

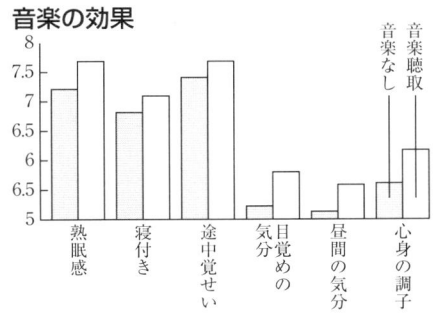

音楽の効果

（6項目について，10点満点で報告を受けたもの）

（1998年10月20日，朝日新聞）

けてもらう。「2週目は音楽を聴かせ，1週と3週目は比較のため聴かずに就寝」という方法。"音楽が良い"といわれる裏付けができたと。

⑨ いつまでも噛んでいると口の中でウンコになるヨ！

「いつまでもグチャグチャ噛んでいると…」
「早めし，早ぐそ，芸のうち」
など，生れも育ちも東京神田の，バリバリの江戸っ子の母のもとで威勢のよい，少し品の悪い言葉が日々私の耳にとんできた。

そのため私も「食物は，口の中で味わい，消化は胃袋まかせ」といい，「唾液のまざった味など食べられない」と，"1口30回噛め"なんていう医者の言葉を，せせら笑う人種である。

回数より固いものを噛む方が歯と顎を強くし頭脳を良くする主義――

話は飛ぶが，『百寺巡礼』の旅（2004年）をされる五木寛之氏は，そのTV映像や新聞エッセイを通し，大いに尊敬しているが，時折述べられる"百病巡礼？"に関しては――病気0の私から見て――心情が理解しがたい。そう言えば，かの有名な『徒然草』の著者，吉田兼好（13世紀）も病弱で，243段にわたる随筆中，私が嫌いなのは第117段「友とするに悪き者」の項である。その内容は何と想像されるか？

関連問 ある著名な数学者が $(-)\times(-)=(+)$ のことについて，次のような印象深いことを語っていた。

「わからないことをグチャグチャ考えることより，それをだまって飲み込み，勉強を続けているうち，後に自然とわかってくることが多い。"まず，飲み込むこと"の方法も大切だ」と。学習法の1つであろう。

こうしたものは上の例のほか，算数・数学でどのような内容があるか。

Ⅱ　日常"ちょっと"気になることを解決

あまり石橋をタタクナ！
タイプⅣ●失敗を恐れない

柔軟な発想

前ページを読んで，思わず「これが数学関係書か？」と感じられた方もいよう。

実は，"21世紀の数学"では，数学が対象としないものはない，ということで何でもよいのである。

そのことを考えにおきながら『徒然草』第117段を見ることにしよう。

"兼好ファン"には怒られるかも知れないが，"兼好は身体も弱く，マイナーな思考の持主"と想像する。上の項で，3.と5.は私に相当するもので，同時代に生きていても友人にされなかったであろう。

友とするに悪き者
1．高くやんごとなき人
2．若き人
3．病なく，身強き人
4．酒を好む人
5．たけく，勇める兵
6．虚言(そらごと)する人
7．欲深き人

(注)"良き友"と言っているのは
1．物くるる友
2．医師
3．知恵ある友

まあ，世の中にはこうした対極にある人間がいて，うまくバランスがとれる，ということかも知れない。

〔参考〕古代ギリシア，紀元前6世紀のサモス島には後世有名な2人の人物が対立的に生存していた。これもまた興味深い。

古代中国春秋戦国時代の
○立身出世派(孔子の儒家など)
○陸沈(ぐうたら)派(老子の道家)
の対立もおもしろい。

中国の名言に
「昼は儒家，夜は道家で過す。」

	ターレス	イソップ
社会地位	高級商人	奴隷(どれい)
外見	立派な風貌(ふうぼう)	みすぼらしい
財産	裕福	乏しい
思考	論理的 メジャー	情緒的 マイナー
著書	『幾何学』開祖	"寓話"皮肉物語

71

10 下戸(げこ)の利酒(ききざけ)挑戦 結果はどう？

まずは，右の問題を考えてもらうことにしよう。

いわゆる4択問題である。

いま計算苦手な人が，①～④の中の1つを当てずっぽうに選んだとき，正解を得る確率は──。

$\frac{1}{4}$つまり25%で，偶然でも正解が得られる。

```
   49m
   112m
   3.5m     ← 半円
```
点々のトラック外側の1周の長さはいくらか
①360m　②380m　③400m　④420m

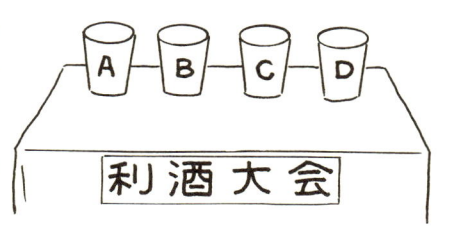

(注) $\pi = \frac{22}{7}$ とする。

では，宴会などでよくおこなわれる「利酒大会」の場合を考えてみよう。次のおのおのでどうか。

(1) 異なるA～Bの銘酒中，『黎明』を当てる確率を求めよ。

(2) 各銘酒名すべてを当てる確率を求めよ。

〔参考〕『利酒師』の資格取得は，20歳以上が受験資格で
- 講習会など受け1～2カ月の準備後受験（年3回）
- 内容は「お酒の知識」「味と香りの表現」「企画書作成」など
- 合格率は約80%
- 1991年に資格（民間）が設けられた（現在　有資格者2万人）

関連問　ある会社の入社試験で，教養テストが4択問題5問であった。デタラメに答えて全問正解の確率はいくらか。

Ⅱ　日常"ちょっと"気になることを解決

"偶然"のもつおもしろ味
柔軟な発想　タイプⅩ●空想的着眼

まず初めにトラック問題の正解。

(直線コース)×2＋(直径×π)
$= 112^m \times 2 + 56^m \times \dfrac{22}{7}$
$\fallingdotseq 400^m$　よって，正解は③。

ここで，当てずっぽうでも当た

> **銘酒『黎明』かどうか？**
> A　B　C　D
> $\dfrac{1}{2} \times \dfrac{1}{2} \times \dfrac{1}{2} \times \dfrac{1}{2} = \dfrac{1}{16}$
> 　　　　　　($= 6.25\%$)

る確率は25％で，これは，どのような意味があるかを考えてみよう。

統計学上では機械による大量生産では「95％の信頼度」とか，「危険率5％」などの使い方があり，この範囲が許されるもの，偶然でも起こり得るもの，といった1つの『ものさし』がある。(薬品では危険率1％，輸血は0％。)

それによると，「正解の確率が25％」というのは，5％と比較すれば"偶然でも正解を得る"，ということになる。

では話を利酒に進めよう。

(1)では上のようになり，当てる確率は6.25％で，ギリギリのところ，偶然でも当たる，と見られる。

(2)では $\left(\dfrac{1}{4}\right)^4 \fallingdotseq 0.00391$ つまり0.39％。この値は，とても偶然では正解を得られない，ということを意味する。

発展話

遊びでよく用いるサイコロについて考えてみよう。

いま同じ目が2度，3度，4度続く確率をそれぞれ計算すると，右のようで，何回も同じ目が出たら，これは，"イカサマサイコロ"といえる。

> **同じ目が**
> 2度続く $\left(\dfrac{1}{6}\right)^2 \fallingdotseq 0.02778$
> 3度続く $\left(\dfrac{1}{6}\right)^3 \fallingdotseq 0.00463$
> 4度続く $\left(\dfrac{1}{6}\right)^4 \fallingdotseq 0.00077$

(注)「2度続く」でも3％弱。

11 古今東西, "遺産問題" その知恵のサマザマ

　人間が財産をもつようになり, また, 家系というものが成立して以来, "遺産" が大きな問題になる。ときに裁判沙汰や殺傷事件にまで発展し悲劇も起こる。

　このときは当然, 土地, 財産などの分配が主体となるので『数学』の出番でお世話をすることになる。

　古今東西にある数々の遺産問題を考える前に, 日本の古い問題を考えてもらうことにしよう。

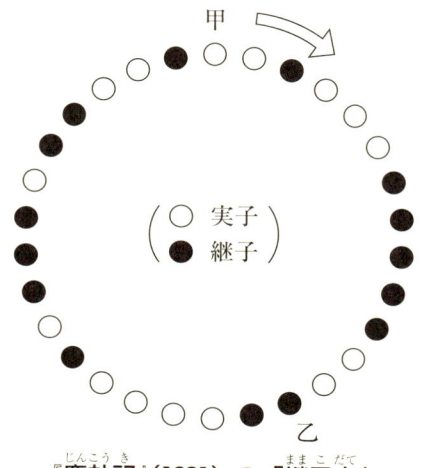

『塵劫記』(1631) の「継子立」
——『徒然草』(1330頃) の137段——

　「ある資産家が死んだあと, 30人いる子の中の誰が継ぐか, が問題となり後妻は "先妻の子15人と自分の子(実子)15人を右上のように並べ, 甲から始めて10番目ずつを失格とし, 最後の子をあと継ぎとする" と決めた。」

　さて, その結果はどうなったか。

関連問　死の直前, 妊娠中の妻に次の遺言をした人がいる。

　「もし男の子が生まれたら遺産分配の妻と子の比は2：3。もし女の子だったら, 妻と子の比は5：4とせよ。」

　そして亡くなったが, 生まれた子は男女の双子だった。

　(妻)：(男の子)：(女の子)　3人の比を求めよ。

Ⅱ　日常"ちょっと"気になることを解決

人間生活の中の遺産の妙
柔軟な発想
タイプⅦ●固定観念を取り除く

　前ページの○，●（碁石を並べてもよい）をルール通り，10番目，10番目と数えて除外していくと，ふしぎに●ばかりがなくなり，ついに，右のような15番目の●1個となってしまったであろう。

　このとき乙は継母に，かなしそうな顔をしてこう告げた。

　「おかあさん，あまりに私の仲間ばかりいなくなるので，いまから，私のところから数えてください。」

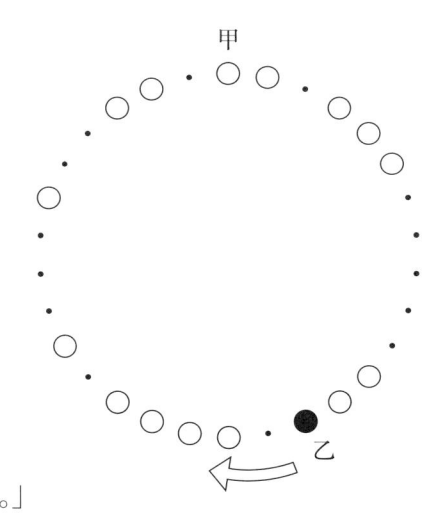

　○：●＝15：1　という現状から安心した継母は，乙から10番目，10番目を除くことを始めた。

　さて，その結果はどうなったか。各自で確かめてみよ。

　遺産問題はまだまだあるが，やはり世界的に有名な『インドの問題』の代表"17頭の分配"をとりあげなければならない。

　既知の人もいようが再度考えてみよう。

　「17頭のラクダ（羊という説もある）をもつ人が，3人の息子に長男 $\frac{1}{2}$，次男 $\frac{1}{3}$，三男 $\frac{1}{9}$ の割で分配せよ」と遺言して亡くなった。

　どうやっても分配できない3人は，近くの知恵者の坊さんに相談にいくと，1頭貸してくれた。で，上のように，メデタシ，メデタシ。が，ちょっと疑問が残るのでは――。そこが珍問。

17頭のラクダ
18頭にすると
長男 $\frac{1}{2}$　→9頭
次男 $\frac{1}{3}$　→6頭
三男 $\frac{1}{9}$　→ $\frac{2頭}{17頭}$ （＋
残った1頭は返す。

12 "当てずっぽう"より良い「逐次近似法」

「下手(へた)な鉄砲も数弾(う)てば，当たる！」

戦争で大砲が使われ始めた15世紀頃は，ロクな測定器もないため，適当に砲身を向けて砲弾を打ち，"当てずっぽう"な方法で攻撃していた。

①〜⑤と前後でしだいに標的に近づける

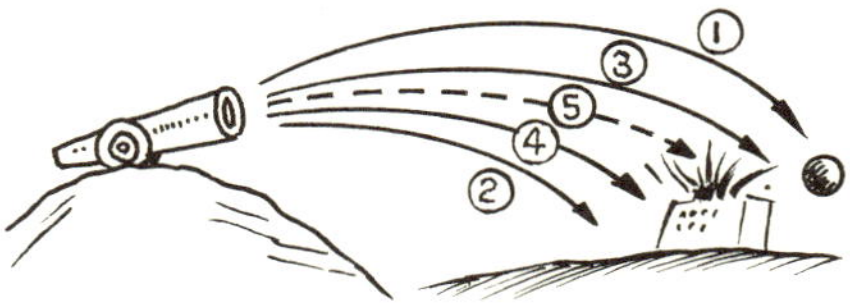

しかし，それなりの効果があり，たとえば大砲好きのナポレオンが指揮したロシア遠征で，モスクワの西124kmの『ボロジノの決戦』では，兵士の人数は各12, 3万人とほぼ同数だったが，

大砲の数で $\begin{cases} \text{ロシア側} & 12門 \\ \text{フランス側} & 200門 \end{cases}$ の大差

が勝敗を決した。(後にロシア軍が反攻。)

『ボロジノ戦勝博物館』の大砲

さて，"あてずっぽう"から「逐次近似法」という方法へと改良され，現代でもこの方式が生きているが，この後者の方法とはどういうものか。

関連問 右はシャンペンのふたであるが，これをかってに投げたとき，図のような上向きになる確率を求めるには，どうしたらよいか。

いくら"当てずっぽう"でも確率が $\frac{1}{2}$ とは考えないであろう。

"正解"を得るのに いろいろの方法あり
タイプⅩⅠ ● 他からの刺激

柔軟な発想

一口に"問題"といっても，日常・社会での問題から，科学上の問題，数学のように「作った問題」など千差万別である。

しかし，それらを"解く"となると，方法はそれほど複雑ではなく，大体，右のいずれかの方法によって解決できることが多い。

簡単に説明すると

問題の解決法
——素朴解の順——
(1) 勘
(2) 当てずっぽう
(3) シラミツブシ法
(4) 逐次近似法
(5) 仮定法（古代方式）
(6) 逆算法（算数方式）
(7) 移項法（方程式）

(1) **勘** 4択問題（72ページ）で答がわからないとき

(2) **当てずっぽう** ある範囲の見当がつけられたとき用い，デタラメ（無作為，76ページ）に共通する

(3) **シラミツブシ法** 『つるかめ算』のように解が有限で整数のとき（20ページ）

逐次近似法

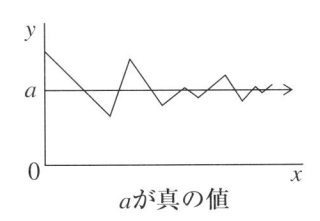

a が真の値

(4) **逐次近似法** 前ページの大砲の弾を敵陣に当てるように，前後や上下から目標に近づく

(5) **仮定法** 一応答を定めて，これを条件の中に入れ，そのズレを微調節する（古代エジプト，インドなどの解法）

(6) **逆算法** 計算や考えの逆もどり法で，加えたものなら引く，掛けたものなら割る，などの方法をとる（逆思考）

(7) **移項法** 答を得たとして，（たとえば，方程式の x）考え方の手順を順序通り進めていくこと。（順思考）

13 "等価交換方式"という現代物々交換！

　世の中には頭の良い人がいるもので，その1つが"等価交換方式"であろう。

　A　土地はあるが金がなくて家が建てられない。
　B　金や技術はあるが，土地がないので家が建てられない。

この二者を上手に結びつけるもので，たとえば300m²（約100坪）をもっているAに対し，Bはこの土地にマンションを建て，土地代金相応に1階部分を等価交換（つまり無料）で提供する，というわけだ。ウマイ話！

　さて，長山・筧両邸の境界が右のような折れ線なので，点Pから直線のものに等価交換したい。

　点Tの位置はどうして決めるか。

関連問　上の作図を数学では，「等積変形」という。

　右の四角形で，点Pを通る直線で，この面積を二等分せよ。

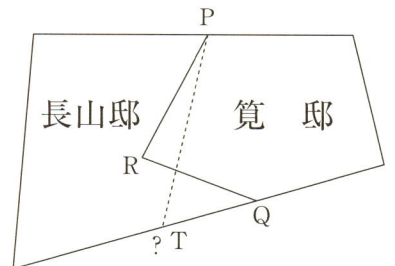

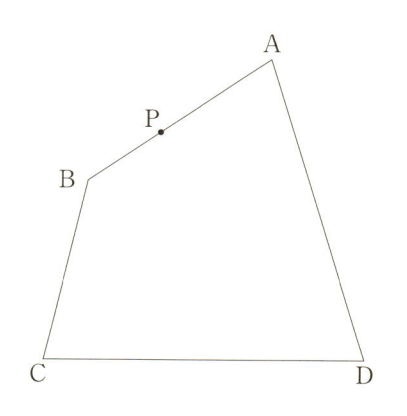

Ⅱ　日常"ちょっと"気になることを解決

柔軟な発想　"等しい"（同値）とする考え
タイプⅩⅤ● 別個の同一化

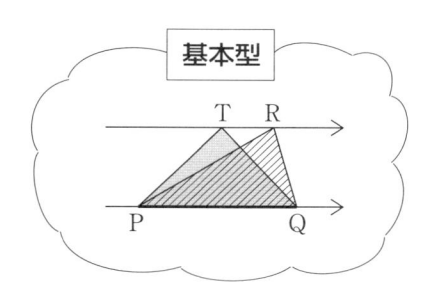

　"面積は等しくて，形が異なる"これが等積変形とよばれるもので，その基本型は三角形である。

　「底辺が同じで高さが等しい三角形の面積は等しい。」
が，この土台で，等積変形ではこれを利用するのである。

　長山・筧邸という具体的な場面では，右の作図法によって無事解決することができる。

　方向，日当たり，地質，……の条件が交換部分でほぼ同一なら両者満足できよう。

　現実の"等価交換方式"では，条件が複雑で，なかなか面倒であろうが，日々新聞にある「折り込み広告」にはよく見かけるので関心をもってみよう。

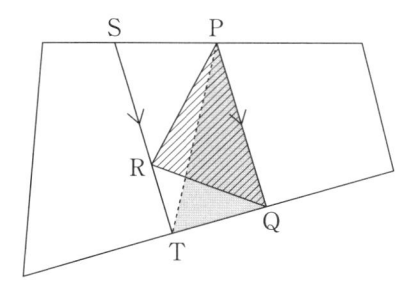

発展話

　五角形 ABCDE も，上の基本型の手順で三角形に等積変形できる。この三角形 APQ は長方形へ，さらに正方形へ，と変えられる。

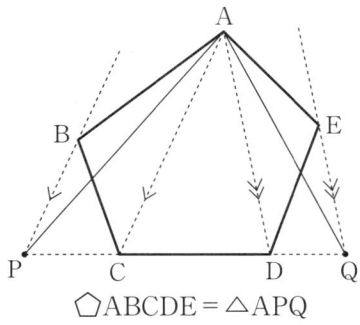

　（注）方程式を解く手順も同値変形である。

基本型

（作図）点 R を通り，PQ に平行線 ST を引き，P と T を結ぶと，PT が求める新境界線となる。

⬠ABCDE ＝ △APQ

14 古くて新しい"家紋" 幾何学模様に注目！

　自慢のようになるが，私の趣味は，

剣道，弓道，華道

そして**尺八道，和算道**と五道*に通じる"純日本"のもの，しかも精神面で古来の『道』の追求である。

　さて，何を言いたいのか？　といえば，日本の『家紋』についてである。

　右の写真（揚羽蝶）にあるように，伝統的なものには家紋を付けるのが習慣になっているが，日本人にとって『家紋』とは，どのようなものか。また，今後はどうなるであろうか？

（注）"紋"には指紋，掌紋，声紋，文紋　さらに波紋，風紋などがある。

正装の尺八姿
—都山流—

剣道着姿（7段）
—埼玉大学剣道部長時代—

余　談

リーダーに求められる望ましい資質五者*の区別
○学者（その道の専門家）
○医者（痛みを知る人）
○易者（予言できる）
○役者（表現上手）
○芸者（一芸をもつ）

余談　五道，五者については，2005年4月15日『NHKラジオ深夜便』"こころの時代"に出演し，これを語った。

関連問　「これが目に入らぬか！」で有名な『葵の印籠』。
　　　　　さて，数学の目で見た図形の特徴は何か。

他との違いを"紋"で知らせる知恵
柔軟な発想 タイプⅣ ●奇妙なものに気づく

Ⅱ 日常"ちょっと"気になることを解決

『家紋』！
その家の定まった紋章のことで
- 平安時代に公家が宮廷出入で用いた車や正装の束帯の袍（ほう）に使用した文様（世襲）。
- 戦国時代には武家が彼我軍陣の識別のため衣服，調度品に簡略な幾何学文様を用いる。
- 徳川時代では武家の威儀として必要（時代劇には必ず出る）。
- 元禄時代になると商家や庶民にも流行し広く使用。
- 現代でも，七五三の晴着，各種行事の正装着（紋付きはかま）のほか，結婚の引出物，お葬式の提灯（ちょうちん）やお墓。

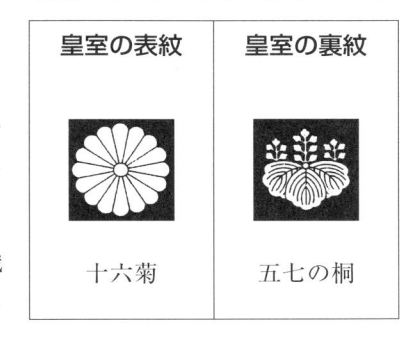

存在するものは約300種で，下に示すものはその一部。
以上の長く古い良い伝統から，今後も使い続けられるであろう。

皇室の表紋	皇室の裏紋
十六菊	五七の桐

家紋一覧：
- 三階菱
- 丸に並び鷹の羽
- 丸に左三つ巴
- 太輪に洲浜
- 剣片喰
- 丸に立沢瀉
- 丸に平四つ目
- 丸に平井筒
- 橘
- 隅立四つ目
- 笹龍膽
- 丸に片喰
- 三つ星に一文字
- 丸に四方木瓜
- 下り藤
- 抱き茗荷
- 糸輪に蔦
- 丸に桔梗

上の家紋について，右に示す"図形分類"をしてみよう。

図形分類
- 線対称図形
- 点対称図形
- 線・点対称図形
- その他

15 「優良ネクタイは45°」の不思議？

　男性ファッションに関するTV番組で，「ネクタイの良し悪しの見分け方」についての紹介があった。日々お世話になっているネクタイのことなので，集中して聞いていたところ，ナント"45°"という数学用語？が耳に入ってきたのである。

　右の図と共に解説があったが，これらから，「優良ネクタイ45°」の長短を説明してみよ。

〔参考〕美男，美女に写るためには，カメラに向う顔を45°に，また全日本メンコ（パッチ）大会の名人位は「45°で打つ」といいという。

45°（正バイアス）

斜め45°に引く

ヨレヨレになる　　まっすぐ垂れる

関連問　右の絵は，有名な『数学史』の"中世の数学"に出ているものである。

　何の説明に用いられているものか。

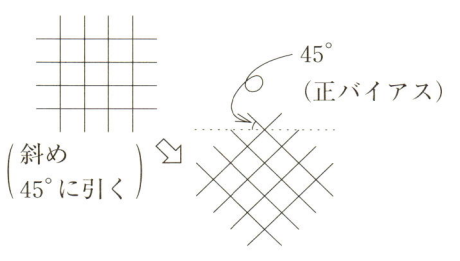

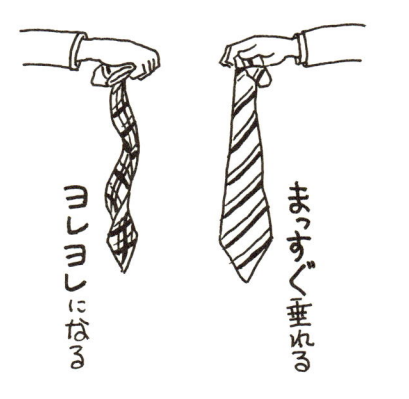

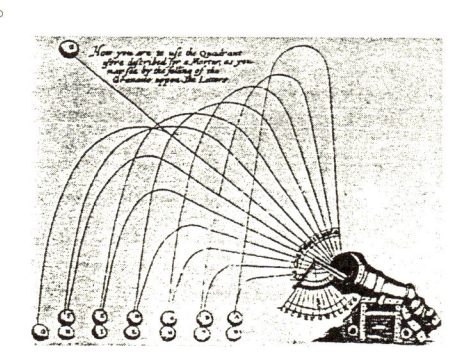

II 日常"ちょっと"気になることを解決

柔軟な発想

45°の不思議追求
タイプⅩⅣ ● 何事にも疑問視

"正バイアス"

つまり，布の織り目に対して斜めにしたきれのことで，「布地からこうして切りとって作ったネクタイが優良ネクタイである」という。

前ページのネクタイの右側のように正バイアスのものは，手にして垂らしたとき，キチンと垂れる。(他方はネジレ状態になる。)

このことから，使用したとき，キチンと整うというわけである。

ただし，正バイアスにすると，1枚の布地からたくさん切りとれないため，安物ネクタイは織り目で作ることになり，

　(優良ネクタイ)＝(高価)
となる。

ことのついでに45°に関する歴史物語のいくつかをとりあげてみると，右のように各時代に有名なものがある。

(注)　∠ABC＝45°のとき
　BC＝AC となる。
　その利用である。

45°の有名史

(1) 2600年前ターレスはエジプトのピラミッドの高さを太陽の角度45°で測った

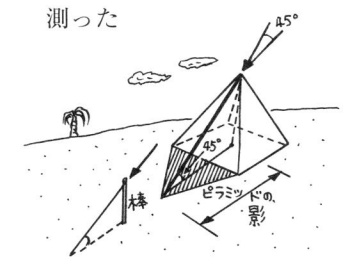

(2) 16世紀，イタリアの弾道研究

(3) 18世紀，日本「またのぞき」で木の高さを概測
　甲＝乙

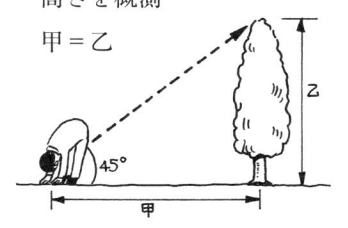

16 『筆入れ』『下駄箱』の語を使う新人類の言語矛盾？

　戦後の新憲法（民法）の精神では，結婚を「1組の男女が夫婦関係を成立させる行為と，それによって成立させる結合関係」としており，"結婚"における男女は対等で一家を設ける，とされているのに，未だ，
○両親は"嫁をもらう"，"嫁に行かせる"
○男は"ボクのお嫁さんになってくれ"
○女は"売れ残ったら大変"，"負け犬"
などの言葉が，「社会の先端人間を誇る若者」の間から聞こえてくる。

　さらなる驚きは，"若者語"といわれる暗号のような会話をしているガン黒，チィーママ，○○族といった未来志向の若者たちが，平然と会話の中に『筆入れ』『下駄箱』などの死語（昔の言葉）を使っている。

　こうした超矛盾は何なのだろうか。

　この機会にちょっと飛躍するが——，義務教育で誰でも学ぶ明治以後の「算数の歴史」を述べてもらおう。

関連問　少し年輩の和裁師や大工さんたちが，フッと「矩形（くけい）」「梯形（ていけい）」あるいは高齢者が「算術」などの語を用いる。これらは現代用語では何に相当するものか。

Ⅱ 日常"ちょっと"気になることを解決

日常，何気(なにげ)ないことに関心をもつ

柔軟な発想

タイプⅣ ●奇妙なものに気付く

「"本当の新しいもの"を知ることができる人は，"古いもの"を知っている人だ。」と，高齢になって知った。とりわけ戦前，戦中，戦後の流れを体験してきていると，新旧の区別がくっきりと見え，「新しがっている人たち」の矛盾が気になる。

さて，その1つの時代の流れを日本の算数教育の流れで見ると右のようである。

やはり"教科書"がその特徴を示す代表で，教育界での通称に，国定教科書では（黒表紙）→（緑表紙）→（水色表紙），そして戦後，紙のない一時期に（白表紙）——実は製本されていない——とあり，その後は検定教科書となった。

この100年にわたる教育界の変遷の中にあって，

『筆入れ』『下駄箱』『ぞうり袋』…などの語が，現代でも生きていることは不思議でならない。（私は使用しない。）

『鉛筆入れ』（筆記具入れ），『靴箱』が一般語になるのはいつか？

年	事項・内容・特徴
1905(明38)	『尋常小学算術書』**（黒表紙）**
1907(明40)	義務教育6ヵ年になる
1918(大7)	「改良運動」起こる
1924(大13)	メートル法実施
1935(昭10)	『小学算術』**（緑表紙）** 4つ玉ソロバン
1941(昭16)	『初等科算数』**（水色表紙）** 国民学校
1945(昭20)	**（白表紙）**
1948(昭23)	生活単元学習（検定教科書）
1954(昭29)	「数学教育用語」決める
1958(昭33)	系統学習
1968(昭43)	現代化運動（集合など導入）
1978(昭53)	問題解決学習
1988(昭63)	課題学習
1998(平10)	総合学習（ゆとり教育）

17 「代表代行」 同じ代でも意味が違う

　集団ができれば，必ずそのリーダー役としての"長"が必要とされ，自ら名乗るか推薦や選挙によってか，で決められる。

　それゆえ，○○長，たとえば部族長，酋長，首長，村長，……など"長"の名が与えられる。

　国会議員の「代議士」は国民の代表の意味の"代"で，右に示す「"代り"ではない」数少ない例である。

　さて，「代表代行」というややっこしい語もあるが，これは何か。

　また，社会的地位での代用には，"代"の代りとして，どのような語が用いられているかをいえ。

代りの語	
代官	代参
代理店	代弁
代用教員	代読
代行運転	代筆
代役	代?

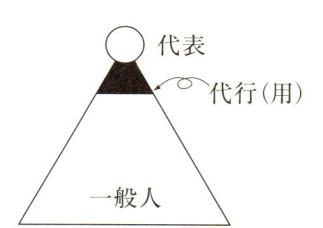

○ 代表
　╲ 代行（用）
△ 一般人

関連問　『代数』の"代"は何の代か。
　それは代用か代表か？
　　また，代表値はどうか？

（吹き出し）私は代用か代表かどっちかな？

柔軟な発想 代用品で処理
タイプⅩⅥ 対立事項の一体化

人間の集団生活だけでなく，日常・社会生活の物品においても「代用品」が多く採用されている。

代用品はあくまでも代悪（粗悪）品，偽造品，模造品などではなく，

- 絹の代りのナイロン
- 板の代りの発泡スチロール
- 風呂敷代りのビニール袋

代用地位 → 数学用語
副　議　長……副尺
支店長代理……代入法
事　務　次　長……次数，次元
課　長　補　佐……補角，補間法

数学界ではそれぞれに対応できる

などのように有用であるのが望ましい。

新開発では代用でも失敗を恐れないことである。つまり，「代用」は"長"ほどの責任がないので，失敗を恐れないで行為，行動ができる特徴がある。ここで"数学の話"へと進むことにしよう。

とかく『数学』は，ガチガチの融通がきかない，発展性がない学問と思われがちであるが，実は日常・社会生活と同様"代用品の考え"を使い，柔軟な発想で，次々と拡張させてきている。

上の表に示したものがその一部である。ところで

算数の□，○を使った式

数学の a, b, x, y を使った式

などは，代表，代用の例といえる。

「"数学離れ"が始まった人」は，改めて「代」を通し考えなおしてみよう。

（代表例） 恒等式（こうとうしき）

a, b, c はすべての数の代表

交換法則　$a + b = b + a$
　　　　　$a \times b = b \times a$

結合法則　$(a+b) + c = a + (b+c)$
　　　　　$(a \times b) \times c = a \times (b \times c)$

（代用例） 方程式

x はある特定の数の代用

$x + 2 = 7$

$3x + 5 = x - 8$

コラムⅡ 身心のバランス──怖い事例──

　古代ギリシア時代から，"健全なる身体には健全なる精神が宿る"といわれ続けてきたが，最近の病名には『ストレス』という心のアンバランスが身体上の病気になっている。2004年中頃に東宮侍従から「皇太子妃の病名は『適応障害』」と発表されて以来，身心のバランスが社会問題になった。まさに"病は気から"である。

　さて，話は戦中時の某国。スパイや捕虜に対する人体実験で有名な話の1つを紹介しよう。

　ある死刑囚に対して，その施行方法を医師が次のように伝えた。

(実験)「人間の全血液量は体重の10%である。ここではお前の出血量がどこまできたら，死ぬかの実験をする。」そう宣言し，椅子に座らせ目かくしをした上，足の指先を痛みを感じる程度に切開した。間もなく足の下においた金ダライに血液が落ちる金属音カンカンが部屋に響く。

　医師は1時間毎に累積出血量（実は水量）を死刑囚に知らせた。

(結果) 金ダライに落ちる血液量がふえ，ポトンポトンとにぶい音になり，やがて5時間たったとき，囚人は頭を垂れ，医師が調べたとき心停止が確認された。

　──落ちたのは血でなく水であったが──

「一滴の血」も出ないのに心的ショック死をした囚人

関連問の解答

1 (54ページ) 整数を A とすると

$A + 1\dfrac{1}{A-1}$, $A \times 1\dfrac{1}{A-1}$

で，この数式で無数に作れる。

2 (56ページ) 点——描けない。描いたものは小さな円になる。

その他，直線，平面など。

（注）現在，これらは無定義用語。

3 (58ページ) 剰余とは余りのことで，系は同類の集まり。たとえば

$1 \equiv 17 \equiv 35 \equiv 51 \equiv \cdots \pmod{17}$

で，整数を17で割った余りの集まり。

4 (60ページ)

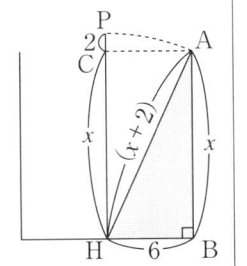

AB=$x$cm

とすると，右図で

直角三角形 ABH

より

$AH^2 = AB^2 + BH^2$

$(x+2)^2 = x^2 + 6^2$

$x^2 + 4x + 4 = x^2 + 36$

$4x = 32$

$x = 8$　　8 cm

5 (62ページ) ① A，Bそれぞれの周囲から

$2\pi(r+3) - 2\pi r = 6\pi$

約18.8m

② ①と全く同じ約18.8m

6 (64ページ)

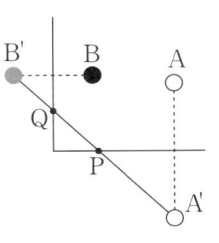

A，Bそれぞれ壁に関する対称点A´，B´をとり，それを結ぶ。このとき壁と交わる点をP，Qとしたとき，この2点が求めるものである。

7 (66ページ) ○「乗法九九」のように基本計算を記憶しておき，素早く答を得る。

○計算の規則，公式を使い簡便算による。

○二次方程式の解の公式を使い，どんなタイプも機械的に処理する。

など，記憶や公式利用で"手抜き"をする。

8 (68ページ) 哲学者，数学者デカルト。彼は貴族の子であったが参戦し，露営のウタタネの中で

○哲学『方法序説』

○数学『座標(解析)幾何学』

のアイディアを得たという。

〔参考〕ウタタネで有名な話に「邯鄲(かんたん)の夢枕」がある。唐代の盧生(ろせい)という男が，ほんのウタタネの間に自分の一生の夢をみるという話。

9 (70ページ)

算数の範囲では，
- 加法九九，乗法九九
- 分数の四則計算

数学では，文字が主で，
- 方程式の x の意味
- 文字計算（$2a - a = a$ など）
- 関数 $y = ax + b$ で a，b，x，y
- 図形の証明での補助線
- 背理法による証明

など

10 (72ページ) 1問の4択問題で正解の確率は $\frac{1}{4}$ なので，5問では
$$\left(\frac{1}{4}\right)^5 ≒ 0.000977$$

約0.0977%で偶然での全問正解の確率は0.1%。

11 (74ページ) 比をそろえて計算する。

妻：男　　　= 2：3
妻：　　女 = 5：　　4
妻：男：女 = 10：15：8

12 (76ページ) 多数回の試行をすると，しだいに一定値に近づく。

10回投げる毎の平均値を記録し記入の上，近似直線を引く。

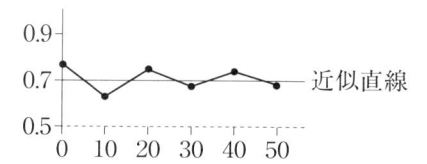

13 (78ページ) まず点Aから四角形を2等分した折れ線AECを平行線作業で直線AFとする。同じ平行線作業でPFをPGに変えればよい。(注)Eは，BDの中点。

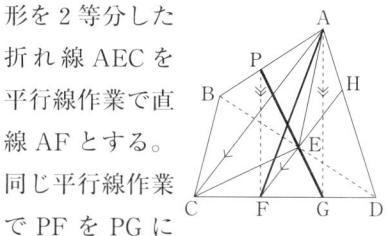

14 (80ページ) 線対称な図になっている。

15 (82ページ) 大砲の砲弾を打ち上げる角度と飛距離との関係を示したもので，当時（16世紀）はまだ弾は球形である。

「45°が最も遠く飛ぶこと」を大げさに示している。

16 (84ページ)

矩形 — 矩とは「さしがね」で直角を示す。長方形のこと。

梯形 — 梯ははしごで，台形のこと。

算術 — 中国伝来語で，昭和14年まで使用された。算数のこと。

17 (86ページ) 代数（これも中国語）は数の代り，つまり文字式計算の意味で，文字は数の代表。（代用品の使用もある。）

　代表値とは統計で使用し，資料全体の値の代表。この表し方に，平均値，最頻値，中央値がある。

Ⅲ 社会の中の疑問 "あれこれ" を解明

"社会の問題" をパラドクスで解決！

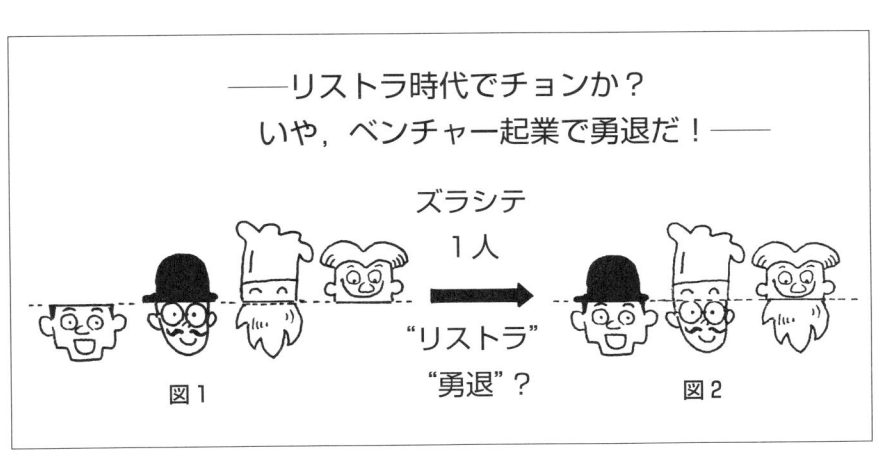

──リストラ時代でチョンか？
いや，ベンチャー起業で勇退だ！──

ズラシテ
1人

"リストラ"
"勇退"？

図1　　　図2

1 17年に一度，一斉に羽化する『17年蟬』のことから

　2004年春，北アメリカのジョン・ポプキンソン大学構内で17年間地中にいて，この年一斉に羽化する『17年蟬』のことが世界中で話題になった。

　そうしたおり，知人で出版社の若い編集者が"トンボ返り"でワシントンD.C.まで行き，その蟬の写真を撮ってきた。その行動力と好奇心にはオソレ入ったが，「本物を持ちかえられず残念！」というので「せめて"ぬけ殻"でももってきたらよかったのに──」というと，「そうか」と一層くやしがっていた。

大量の
『17年蟬』

（小関和輝氏撮影）

ものすごい量の蟬のぬけ殻

　まあ，そんなことがあってしばらくした後，ある新聞に某作家が，"素数を知っている蟬"という表題で，この『17年蟬』のことを述べていた。

　さて，「作家と素数と蟬」この三題話はどのように展開されたか？

関連問　『素数』は，整数の性質の1つで，「1と自分自身のほかに約数のない数」のことである。

　　100までの中に素数はいくつあるか。また，素数は無限か有限か。

異常なのか，正常なのか
柔軟な発想　タイプⅦ ● 固定観念を取り除く

Ⅲ　社会の中の疑問 "あれこれ" を解明

20世紀の新数学の中に『カタストロフィー』(破局) というものがあり，これは不連続な事象，現象について研究する分野である。

たとえば次のようなものが研究対象で，
自然界——地震，火山の爆発，なだれ，
　　　　　津波，稲妻，ビッグ・バン
生物界——昆虫，魚，植物の異常発生，
　　　　　動物の集団暴走
人間界——恋愛男女間の突如の別離，戦争勃発，デモ騒乱
などとしている。

桐の木

つまり，"蝉の大発生"（これが7年，13年，17年ごとであろうと）はカタストロフィーで，実は私の庭に，ある年，桐の木に数十匹の蝉が異常発生したことがあった。で，前ページの作家の文。

「え？　そんな数を知っているなんて，蝉はものすごく頭がいいんだなあ，と思った。……素数を使いこなすくらいだから無知ではない。……ともかく，自然界にはそういうリズムもあるのかと，不思議感を強くした。」

同じレベルで考えると，ある花の花ビラは素数の5枚，ある草の高さは，ほぼみな31cm，……"植物は素数を知っている" てヰことになってしまうが——。

ともあれ，作家など文学系の方々が，"数の不思議" に関心をもってくれることはうれしい。

上記『カタストロフィー』は，一層その方面の方々に興味をもたせることになろう。ぜひ，好奇心をもって大いに勉強してほしいものである。

2 "四角いスイカ"作り その裏にどんな計算が—

夏が近づくと西瓜！

そしてニュースになるのが"四角いスイカ"である。

おもしろいが，ナント1個1万円。

それにしても「どうやって作るのか？」と誰でも考えるであろう。

素朴な想像では……まだ西瓜球が小さいとき，ガラスか透明のプラスチック製の立方体の箱の中に入れ，この箱いっぱいの大きさになるまで待つ，というもの。

しかし，ここで問題が起きる。用意した箱が大き過ぎても小さ過ぎても，「ちょうどよい形の立方体」の西瓜はできないであろう。

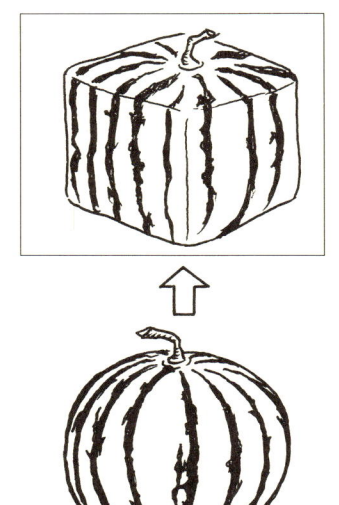

いま，直径30cmになる西瓜の種類の品種を使って"四角いスイカ"を作りたいとき，立方体の箱の1辺が何センチのものを用意すると容積的にほぼ等しいか？

関連問 2400年前，ギリシアのソフィスト（詭弁学者）たちがまとめたといわれる『作図の三大難問』の1つに「円と等しい面積の正方形の作図」（円積問題）がある。上の平面版といえる。挑戦しよう。

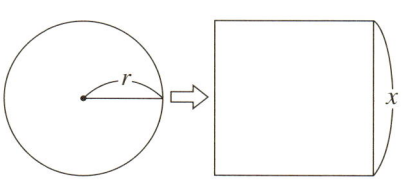

半径rの円では正方形の1辺はいくらか

Ⅲ　社会の中の疑問 "あれこれ" を解明

奇人のアイディアから何かが生まれる

柔軟な発想

タイプⅡ　突飛な着想をする

どんなに工夫しても角のトガッタ西瓜は作れない。

その意味では"四角いスイカ"とはいえないが、ここでは数学独特の理想化で、一応きちんとした立方体ということで計算してみよう。

球の体積の公式は
$V = \dfrac{4}{3}\pi r^3$

なので、$r=15$ から右の方程式ができる。

これを右のようにして解き一件落着！

そこで"柔軟な発想"によって一歩、二歩前進させてみよう。

右のような持ち運びが便利なフランスパン型のものや、並べたり、積んだりしやすいピラミッド型など、作ってみてはどうか。

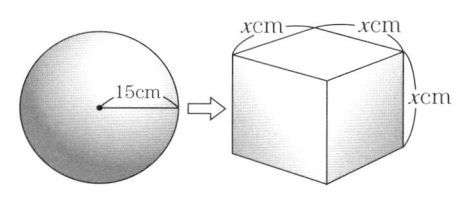

三次方程式

$\dfrac{4}{3}\pi \times 15^3 = x^3$

これより

$x^3 ≒ 14130$

$x ≒ 24.2$

立方体の1辺は約24.2cm

（注）「立方根表」や電卓に $\sqrt[3]{\ }$ がないときは、76ページの近似逐次法により、たとえば $24^3 = 13824$

14130までもう少しで、$24.3^3 ≒ 14349$ そして $24.2^3 ≒ 14172$。と計算する。

作ってみよう

棒状西瓜　　ピラミッド型西瓜

3 オット，食品の原材料の種類と配分率！

"勉強で頭を使う人は糖分が必要"という説を信じることにして，甘党の私はよく甘いものを口にしている。

最近では，右の『ミニ栗まん』を買ったが，これには裏面に原材料として，ナント11もの原材料が用いられているという表がある。

ちょっとした驚きであった。

小麦粉，栗，砂糖ぐらいと思っていたからである。

ある日の夕食用に購入した「三色麺」（ソバ，茶ソバ，ウドン）の原材料は右のようであり，まとめると，

原材料――20種類 ⎫
添加物―― 9種類 ⎬ 計29種類

品名	ミニ栗まん
原材料名	白豆餡，砂糖，小麦粉，鶏卵，麦芽糖，還元水飴，栗，煉乳，植物油脂，膨張剤，寒天

品名	三　色　麺
原材料名	原材料　小麦粉，そば粉，澱粉，山芋粉末，蒟蒻粉，抹茶粉末，植物油，鰹節，鯖節，鰯節，昆布，鰹節エキス，醤油，砂糖，果糖ブドウ糖液糖，醸造調味料，葱，刻みのり，天玉，わさび 添加物　増粘多糖類，ソルビット，乳化剤，調味料（アミノ酸等），トレハロース，酸化Ca，酸化防止剤（V.C），クチナシ色素，ph調整剤（原材料の一部に大豆・小麦を含む。）

〔参考〕

品名	チルドぎょうざ
原材料名	豚肉・野菜（キャベツ・ニラ・長ネギ・生姜・山くらげ・にんにく）・干し海老・老酒・醤油・スープ（豚・鶏）・ごま油・澱粉・砂糖・オイスターソース・食塩・こしょう・調味料（アミノ酸等＝サトウキビ分解物）・皮［小麦粉・澱粉・もち米粉・乳化油脂（大豆・ナタネ）・食塩・大豆粉・乳化剤（パーム・ヤシ・豚脂）］・たれ［醤油・醸造酢・ラー油・調味料（アミノ酸等＝サトウキビ分解物）］

さて，この分量（配分）比は，どのようにして決めるのであろうか？

関連問　右の連立三元一次方程式を解け。

$$\begin{cases} 3x + 2y - z = 8 \\ 5x - y + 2z = 15 \\ 7x + 4y - 6z = 2 \end{cases}$$

（注）三元でも大変。上の"二十九元"になったらどうだろう。

Ⅲ　社会の中の疑問"あれこれ"を解明

意外！方程式による解決
柔軟な発想　タイプⅤ●変化に注目する

　"家庭料理作り"での原材料名を調べるため，『料理本』を開いてみた。

　たまたま「人参スープ」を見ると右のようで，当然ながら原材料に分量も書かれている。これならば百人一様のスープができるであろう。

　ここで，前ページの「ミニ栗まん」と「三色麺」の原材料を見ると，いずれも品目名だけで分量が書いてない。

　これでは素人には作れないし，製造会社でも，まちまちの味のものになる。

　しかし，会社では目標がある。

　安く，おいしく，売れる（儲かる）ために種々の工夫がされるが，基本的には最新数学の『線形計画法』（L.P.，7ページ参考）が採用されている。一口でいえば，各原材料について，その分量を○以上，○以下という一次方程式・不等式で表す。6種あると六元連立一次方程式・不等式を作ることになり，理論上は上のグラフのようにして，目標に合う範囲（最適六角形）を求め，各原材料の分量をきめる。

人参スープ	
人　参	中2本
トマト	2個
玉ねぎ	1個半
そば粉	大さじ2
オレンジ	1個
塩 パプリカ 黒コショウ	｝適量
湯	600cc （3カップ）

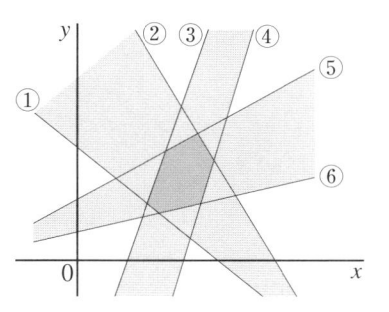

最適六角形

$\begin{pmatrix} ①，④，⑥は以上 \\ ②，③，⑤は以下 \end{pmatrix}$

　これは人力では無理で，コンピュータによって処理するという。

〔参考〕大きな工場建設ともなると1000元を超す多元連立方程式・不等式になる。

4 スーパーのレジ(支払い口)数 どう決める？

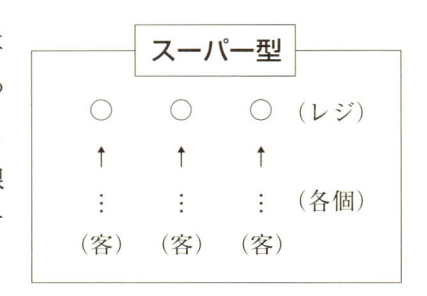

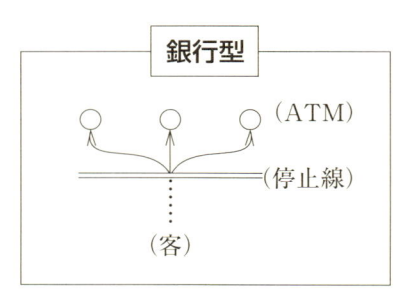

　いまや，スーパー，コンビニなどは日常生活と切りはなせないほどわれわれと密接な関係をもってきている。とりわけスーパー，コンビニは官庁や銀行の出張所的仕事も担うようになってきて多角的だ。

　さて，買物後の支払いの問題で，特売日などのレジに長い行列ができて，うんざりすることがある。

　「行列が短い」ところをねらって並んだところ，その中に時間がかかる人がいて，他のレジがスイスイ流れるのを横目で見ながらイライラすることもある。（大きな駅の切符売場，入国管理場の審査なども同様。）

　一方，銀行型では，行列はあってもスーパー型のイライラは起こらない。（公衆トイレなども銀行型。）

　新数学の中では『窓口の理論』（待ち行列，7ページ）という領域があるが，上のスーパー，コンビニでは行列問題についてどのような工夫が考えられると思うか。

関連問　大きなビルの1つのフロアーに2つの別会社の専用トイレがそれぞれ1カ所。別のフロアー（人数は同じ）では1会社のトイレ2カ所がある。2カ所ある方では行列ができにくいが，その理由を言え。

Ⅲ 社会の中の疑問 "あれこれ" を解明

ときに "平均値" を無視して解決
タイプⅥ●常識を打破する

柔軟な発想

　一口に"窓口"といっても，劇場，野球，サッカー場などのように，開場前の一時的行列の場合と，スーパー，銀行などのように，営業時間の長い長期行列の場合では大きく異なることは想像できるであろう。

　いずれも『窓口の理論』の対象になるが，ここでは当然，後者のものについて考えてみよう。

　従来の数学的発想，つまり常識的には，「窓口の開設時間における統計的客数」をもとに，1時間当たりの平均客数を計算して窓口の数をきめる，という方法を考えるであろう。

　しかし，ここでは"平均値"がほとんど意味をもたないのである。

　客数の変動は，きわめてデタラメで，『窓口の理論』研究では，これを『乱数表』(35ページ) に求めている。

　いま，その表の最上段の数を使用し，これを客数の変動とみてグラフにまとめると右のようになる。(偶然，時刻と一致した。これを**シミュレーション**という。)

　"平均値"で窓口数をきめることに意味がないことがわかろう。現実のスーパー，コンビニでは店長が客数を観察して即刻レジの増減をおこなっているようである。

〔参考〕大きなビルの建設では，エレベーターやトイレ数なども『窓口の理論』による。

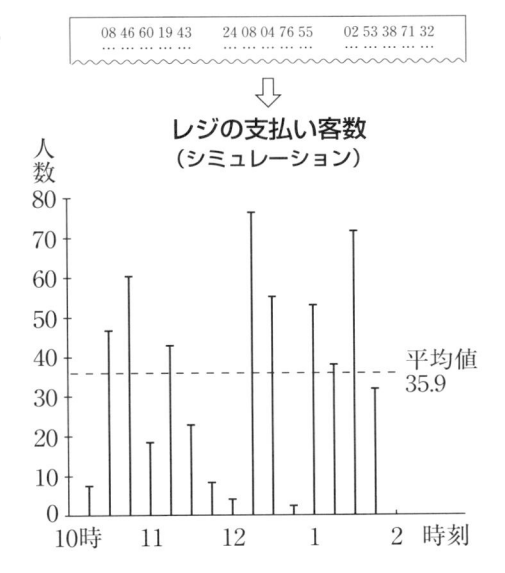

```
08 46 60 19 43    24 08 04 76 55    02 53 38 71 32
```

⇩

レジの支払い客数
(シミュレーション)

平均値 35.9

10時　11　12　1　2　時刻

5 「どこにもあるマナー」数学のマナーとは何？

　友人の結婚式に招かれ，披露宴がはじまり，次々と豪華なフランス料理が運ばれたときのことである。

　"ゆっくり食事"のＡさんが，好きな肉の最後の一口分を残して上手な挨拶に聞き入っているちょっとした瞬間に，ボーイさんがお皿をもっていってしまった。

　「アァ，それまだ食べるんです！」と叫ぶわけにいかず，ツバを飲んであきらめた，という。食べかけなのに，ナゼ，お皿をもっていかれたのか？

　ヒント：絵（Ａさんの皿）を見よ。

フランス料理フルコース

Ａさんの皿

余談　わが家は2004年3月金婚記念でイギリス豪華客船『クィーン・エリザベス2世号』の"スイートルーム生活"を10日程した。イギリス客船は他国と異なり客室によってレストランが違うので，最高を希望し，食事の席で格調高い紳士・淑女の仲間入りを味わった。

指定席になっているレストラン

関連問　"数学のマナー"というものがある。それを考えてみよ。

　「0で割ってはいけない」もその1つであるが，ナゼ，これがマナーになるのか。

Ⅲ　社会の中の疑問"あれこれ"を解明

柔軟な発想

マナー（ルール）はどうして作られる
タイプⅩⅣ●何事にも疑問視

"食事のマナー"は民族，国，地方などによって異なる。

数学旅行作家として，世界30余カ国を探訪してきた私は，各国の食器，食材を含め，食事のマナーの違いには興味をもってきた。

> **"この皿終了"のサイン**
> ○ナイフは刃を左向き ┐
> ○フォークは上向き　 ┘として，
> 2本を平行に並べる。
> （前ページ絵）

ただ，現在，世界中に広まっている欧米スタイルのホテルでは，食事は「フランス料理系」がほとんどである。

ここで，前ページの問題を考えてみよう。

フランス料理でのルールを知らなかったAさんのミスで，"この皿終了"のサインを見たボーイさんは，さっさと皿を片付けただけである。「無知で無念！」というところであろう。

まずは，ルールを学んでおくこと，好きな食品は早めに食べること，といったことになろうか。

さて，数学界でのルールにはどんなものがあるのか？「数学ができない，不得手」と称する人の中に，そのルールを知らない，記憶していない，無視している，などから失敗をしていることが多い。たとえば

$\dfrac{2}{5} \times \dfrac{3}{5} = \dfrac{2 \times 3}{5 \times 5} = \dfrac{6}{25}$　だから，加法も

$\dfrac{2}{5} + \dfrac{3}{5} = \dfrac{2+3}{5+5} = \dfrac{5}{10}$　とした，

というようなものである。

> **数学のルール**
> ○用語の定義
> ○四則計算法則
> ○各規則
> ○各公式
> ○各公理・定理　など

こうした誤りの例は数々ある。

"ルール"は大切にしなくてはならない。

6 「置き引き犯」疑惑の晴らし術

　新聞，TVなどマスコミ報道では，絶え間なく，痴漢，ストーカーなどの犯罪記事が載せられている。

　それらの犯人がすべて，「社会的に不良，不逞(ふてい)のヤカラ」なら，われわれ実直人間は"ワク外"と気に止めないが，意外と人々の信用を得ている警官，教師だったり，有名芸能人，著名学者だったりしている。

　そのため疑惑をかけられたとき，職業上真面目人間であることを主張しても"無実の証明"にはならない。

　さて，次の話は，犯人扱いされた同僚から聞いた実話である。

　「出勤の満員電車内で，駅間近のとき，自分の耳元で中年女性が，"手が届かないので，網棚の赤い方のバッグをとってください"といわれ，人をかきわけてバッグをとったところ，"この人はドロボーです"と近くの女性に腕をつかまれた。"頼まれたのですよ"と言い訳したときは，ドアが開いて中年女性の姿はなく，そのまま駅内の警官保安室（現鉄道警察隊室）へ駅員たちに連れていかれたよ。君なら，身の潔白をどう説明するかい？」と私は質問された。

　「置き引き犯」疑惑，をどうやって晴らしたらよいか，考えてみよう。

関連問　円Oの周上の点Aに接線TT'がある。いま，OとAとを結ぶと∠OAT＝(直角)を証明せよ。

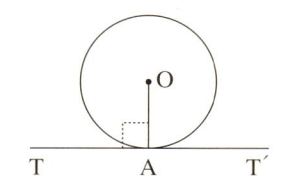

Ⅲ　社会の中の疑問 "あれこれ" を解明

証明することが難解な例
柔軟な発想
タイプⅧ●場所，場面を変える

置き引き——車中や待合室などで，置いてある他人の荷物の近くに自分のを置き，自分のを持ち去るふりをして他人の荷物を盗んで持ち去ること。

つまり，他人の品を取る「カッパライ窃盗」と異なり，知能犯のやり方。

女性に親切な彼は，見事に犯人に利用されたわけであるが，「親切がアダ」となった彼は不愉快で警官に黙秘を続けたため，一層仲間の1人として疑惑が深められたという。

「どうやって無実になったと思う？」

彼に質問されても証明術は考えつかないでいた。すると彼は，「始業時刻が近づいたので，別室の電話で学校へ少し遅れる，と伝え，再び取調室へもどった。すると警官が盗聴していて，"ああ，○○校の先生ですか。早く言ってくれればよかったのに"といって，釈放さ。」と。教師でも内職に泥棒をやっている人もいるので，これは本当の解決にはなっていないであろう。

本当の "身の潔白" は，「車内で中年女性がささやいた言葉を私も聞いた」と証言してくれる近くにいた第三者の存在以外にない。

身の潔白はケースバイケースということで，一律にこれで万全，という術はないが，裁判でよく用いられるものが『アリバイ』(不在証明)である。これは数学での間接証明の一種である。

ある地域で連続放火があり，ふだんの素行や体格からPという男が容疑者として逮捕され自白した。が裁判で「その間彼が別の地方で出稼ぎをしていたこと」が判明し，そのアリバイから無罪になった。

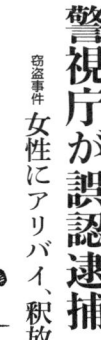

警視庁が誤認逮捕
窃盗事件　女性にアリバイ，釈放

103

7 "ワケあり物"価格，定価，値段などの値切り

よくTVの珍(?)番組で"ワケあり住宅紹介!"というものがある。

そのワケにいろいろあり，またその欠点で価格が値引きされる交渉のおもしろさは格別であり，私は興味をもって見ている。
- 家の裏が墓地
- 隣接地に高圧電線鉄塔
- 目の前を高速道路が走る
- 入り口が狭く再建築不能
- ガケ下でやや危険
- 高い石段をのぼる

などなどが"ワケあり"なので，周辺住宅よりグ〜〜ンと安い。

右は，私が散歩中，手に入れた情報であるが，"ワケあり"品である。

そのワケは何と思うか。また価格はいくらまで下げるか。

新築分譲住宅

販売価格　　　5,880万円

総武線／中央線／東西線（地下鉄）　中野駅　歩5分

車庫付，ルーフバルコニー付，LDK18.61帖，床暖房付ペアガラス

条件がいいのに格安なのは――

関連問 算数では「正確な計算」が重要であるが，ときに"値切り"をすることもある。

どのようなときで，それを何というか。

Ⅲ　社会の中の疑問"あれこれ"を解明

柔軟な発想 "切り捨て御免！"はどこで
タイプⅩⅣ●何事にも疑問視

　"ワケあり品販売"で有名なものが，着物の「大B反物」大売り出しである。

　上等着物地の中で，
- 織りミス
- 少しの汚れ
- 蔵出処分品

などのワケあり

それによって超高級品が格安になる，というものである。

　これに類するものにダイヤ，真珠，あるいはバッグなど，主としてキズ物を中心に"ワケあり品"として販売されている。これらは交渉しだいで，その価格，定価，値段より安くなる。

　さて，前ページの答えであるが，

① 　この住宅の位置がJR線の沿線で，日々騒音がある。

② 　1％つまり58万円はまける。交渉によって80万円まけて5800万円
　　——何日間も売れないと5700万円になるか——。

　ここで，話を"値切り"の方向にもっていくと話題が大きく広がる。たとえば，最近の野球人気不振について評論家が「観客数の発表でもサッカーは1人まで出すのに，野球は千人単位。しかも3割増しのインチキ発表だ。これだけでも両者の人気に差が出ている」と。

　手元の新聞を見ると確かにそうだった。
　"端下の切り捨て"をどこからするか，社会生活の中の1つの問題であろう。

◇キリンカップ（横浜国際，観客57,616人）
日　本　1〔0－0／1－0〕0　セルビア・モンテネグロ

野球
◇福岡ドーム　48,000人
17回戦　ロ10勝6敗1分
ロッテ　000 000 000｜0
ダイエー　301 000 30X｜7
◇大阪ドーム　20,000人
17回戦　近8勝7敗2分
オリックス　010 002 010｜4
近　鉄　200 000 12X｜5
（注）2005年から観客数の水増しをやめた。

〔参考〕
2003年「三が日」の人出
1．明治神宮　　300万人
2．成　田　山　265万人
3．川崎大師　　260万人

8 『カタカナ語』への挑戦 数学も他人ごとではない！

国立国語研究会では，外来語（現在，カタカナで使用）33語について"日本語訳"の中間案を2004年6月29日に発表した。

右は，その33語の中で，多少とも数学やその学習上，関係ある10語をとりあげたものである。

それぞれの"日本語訳"をいえ。

関連問 現在の日本の数学の土台は明治初期の『西洋数学』による。

そのため教科書用語などでは，"カタカナ語"が多いのである。

そのうちの10語をあげよ。

次の日本語訳は？

① イニシアチブ
② コンファレンス
③ スキル
④ スタンス
⑤ ステレオタイプ
⑥ ソリューション
⑦ ハザードマップ
⑧ プライオリティー
⑨ フロンティア
⑩ リテラシー

III 社会の中の疑問 "あれこれ" を解明

新しい酒には新しい革袋だ！
柔軟な発想　タイプⅪ●他からの刺激

　"漢字国家中国"では，西欧外来語をすべて漢字で表している。たとえば
　　geometry……geo(ジィオ) →幾何（きか）
　　function……ファンクション →函数(ファンスウ)（後，日本では関数）
など，その代表である。

　最近では「一筆描き」から発展した『トポロジー』を『位相幾何学』と訳している。

　さて，前ページの10語について，正解が得られたであろうか。

　世の中の傾向としては，なまじ日本語の造語より，

　ラジオ，ビデオ，カメラ，インターネットなどのように，そのままカタカナ語にしたり，「ジャパニーズ・イングリッシュ」にしたりした方がよいと考えられている。

　数学界では，20世紀のコンピュータの開発以来，続々と"新数学"が誕生し，右のような，過去ではとても考えられない分野のものがある。

　これらは，どのようなことに着眼し，その内容はどういうものかを考えてみよう。

①主導（発議）
②会議
③技能
④立場
⑤紋切り型
⑥問題解決
⑦災害予測地図
⑧優先順位
⑨新分野
⑩読み書き能力
　（活用能力）

（中間案による）

最新カタカナ数学群

○オー・アール（O.R. ，作戦計画）
○カタストロフィー（破局）
○フラクタル（破片）
○カオス（混沌）
○ファジー（あいまい）
（内容は7ページ）

⑨ "名前づけ"その発想の時代別変遷に迫る！

毎年12月末になると「今年生まれた赤ちゃんで一番多い名前」というものが，マスコミで発表される。

子どもの名前がその年の何かを表徴していることが多いからである。

右は，2001年～2003年の男の子，女の子の名前であるが，社会の何を反映しているといえるか。

（男の子）				（女の子）			
	'01	'02	'03		'01	'02	'03
1.	大輝	9	1	1.	…	美咲	5
2.	翔	2	2	2.	…	葵	…
3.	海斗	7	10	3.	七海	3	2
4.	…	…	…	4.	美月	8	…
5.	蓮	4	8	5.	…	莉子	…
6.	…	…	…	6.	…	美優	…
7.	拓海	2	6	7.	…	…	…
8.	健太	8	…	8.	萌	7	7
9.	翔太	5	…	9.	優花	8	…
10.	…	…	…	10.	…	…	…

（大輝は，'01は1位，'02は9位，'03は1位を表す。以下同。各年度10位以内のもの）

発展話

昔は「子」，戦後有名人

右は，『明治生命』調べのもので，生まれ年別「女の子」名前ベスト1の統計である。（西暦偶数年のみ。）

年	名前	年	名前	年	名前
1912	千代	44	和子	76	智子
14	静子	46	和子	78	陽子
16	文子	48	和子	80	絵美
18	久子	50	和子	82	裕子
20	文子	52	和子	84	愛
22	文子	54	恵子	86	愛
24	幸子	56	恵子	88	愛
26	久子	58	恵子	90	愛，彩
28	和子	60	恵子	92	美咲
30	和子	62	久美子	94	美咲
32	和子	64	由美子	96	美咲
34	和子	66	由美子	98	萌
36	和子	68	直美	2000	さくら，優花
38	和子	70	直美	02	美咲，葵
40	紀子	72	陽子		
42	洋子	74	陽子		

関連問

日本の江戸時代約260年間，庶民教育の場『寺子屋』では"読み・書き・ソロバン"が主体であった。算数指導の教科書は，『塵劫記(じんこうき)』というものであったが，この書名の語源は何か。

III 社会の中の疑問 "あれこれ" を解明

名は体(たい)(実体)を表すか？
柔軟な発想 タイプⅤ ● 変化に注目する

近年日本の長い伝統をもつ
　男の子－○夫，○雄，○男
　女の子－○子，○江，○代
はすべて上位から姿を消し，右のような特徴の名前が主流になっている。

特徴
男の子―雄大な自然 　　　　スケール感，スピード感 　　　　大空を羽ばたく力 女の子―美しさ，かわいらしさを 　　　　感じさせる草花 　　　　優しさ　など

"名前をつける"ということではペンネーム，芸名などがあり，100余冊の本を書いている私の場合は，

　パズル系の図書などでは，道(どう) 志洋(しょう)博士
　旅行記系の図書などでは，三須(ミステリー)照利教授

を名乗っている。

タレント，俳優，作家などの芸名では，外国有名人の音に合わせた名前をつけている人もいる。

本人名	日本人名
バスター・キートン	益田喜頓
ダニー・ケイ	谷　啓
エドガー・アラン・ポー	江戸川乱歩

こうした人間名の場合は問題はないが，新商品などの名前，名称となると登録商標などの特許裁判になることがあり，うっかり使用できない。

〔参考〕"胡算"はあったか？

中国では紀元1世紀頃からシルクロードを経て近隣，西欧からいろいろな品物が運ばれ，それらについて"胡○"の名前を

"胡○"のいろいろ	
胡瓜（きうり）	胡弓（こきゅう）
胡桃（くるみ）	胡琴（こと）
胡麻（ごま）	胡粉（えのぐ）

つけていた。『アバクス』（計算器）が『算盤』になるが輸入当時"胡算"（私の命名）と呼ばれたと予想し，それを探る"西安7日間の旅"をした。

10 こんなにある"悪質商法" いろんな手口

医学が年々進歩し，いろいろな伝染病や難病が完治される一方，新しい病原菌や難病が発生，発見され，イタチゴッコの様相が続いている。

似たものが社会の病原菌で，数ある中でも〇〇商法といった"悪質商法"があとをたたない。

よく知られたものに，

全国信販協会

ご存知ですか？今，私達の暮らしの中には，いろんな手口で人をだます悪質商法が増えています。たとえば一部の，内職商法・モニター商法・アポイントメント商法・資格商法など，種類も色々です。契約してしまった時は，法律に基づくクーリングオフ制度を利用し，一定期間内なら契約を解除できる場合もあります。
でも，一番大切なことは，自分自身でよく契約内容をチェックすること。商品を購入する前には，まわりの人へ相談するなど，冷静に判断して下さい。

内職商法——ワープロ入力作業など，「仕事の紹介をする」と言って不必要なパソコンなどの契約をさせる。

資格商法——「この講座を受ければ国家試験が免除される」「近く国家資格になる」など，不実なことや根拠のないことを掲げて勧誘する。

では，次の(1)〜(6)の商法について説明せよ。

(1) モニター商法　(2) アポイントメント商法　(3) 点検商法
(4) デート商法　(5) 利殖商法　(6) 依託商法

(注) 霊感商法も有名である。

関連問　悪質商法の中で，深く数学にかかわるものに『ねずみ講』形式のものがある。これが悪質である理由を述べよ。

人間社会は騙しの渦だ！
柔軟な発想　タイプⅣ●奇妙なものに気づく

　(1)～(6)のうち，いくつ答えられたであろうか。

　これらの知識がないと"悪質商法"にひっかかるので，学習しておきたい。

(1)　モニター商法——月々簡単なレポート提出やモデル出演などでモニター料を消費者に支払うことを条件に勧誘し，布団や着物など購入させる。

(2)　アポイントメント商法——「景品が当たった」「あなたが当選した」などといって，販売目的を隠して喫茶店などに呼び出し，購入意思がないのに商品・サービスなどを強引に売りつける。

(3)　点検商法——電気，ガスや消火器，下水道などの点検をすると称し，法外な点検，修理代をとる。

(4)　デート商法——蟻を砂糖で誘うように，美女が男を，美男が女を誘惑し，種々の契約をさせる。

(5)　利殖商法——金やダイヤモンドは値上がりするといって買わせながら現物を渡さず，証書でごまかし利益配当をしない。

(6)　依託商法——牛やガチョウの飼育あるいは果樹や山林の植栽など将来性があると称し，依託金をとる。

　これらには，それぞれトラブルがあり，話が違うということが多い。"儲かる"というプラス面だけでなく，"うまくいかない"マイナス面の両方を天秤にかけ，すぐ飛びつかないことが大切である。

　「○○商法的騙し」見破りと数学の"柔軟な発想"とは関連がある。

　(注)　本項は主な資料として『全国信販協会』のP.R.誌を参考にした。

11 大学での国家試験 "正解"の疑問

右は，ある大学での国家試験（医師）について，「不正があったらしい」とする新聞の見出しである。

統計学者は「偶然の一致とは考えられない」としているので，それを検証してみよう。

キーワードでは　$\frac{71}{215} ≒ 0.33$　約33%

テ　ー　マでは　$\frac{17}{25} = 0.68$　約70%

これほどまで一致度が高いと，偶然の一致ではなく，"問題の漏洩"と考えるのが正当であろう。（一致度は5％以下にしたい。）

同じ国家試験でも『大学入試センター試験』となると50〜60万人の受験生相手なので一層慎重のはずであるが，「数学Ⅰ・A」と「数学Ⅱ・B」の解答に右の傾向があるという。

これはどういうことか考えよ。

〔参考〕2004年12月，韓国大学入試（60万人受験）で，携帯電話メールのカンニングや替え玉受験などの不正で300人以上が摘発される事件があった。

国家試験と一致多数
キーワード215個中71個 テーマも25問中17問
統計学者「ゼロに近い確率」

「1✖」は正解40%
「1✖✖」なら50%強

「ベンフォードの法則」に近い

関連問 紙を用意し，デタラメに0〜9の数字を，1分間書き続け，各数字の出現率を計算してみよ。

果たして，真のデタラメになっているか？

Ⅲ　社会の中の疑問"あれこれ"を解明

"流れ"には不自然とパターン化とがある
タイプⅤ●変化に注目する

柔軟な発想

　初めに耳慣れない「ベンフォードの法則」について説明しよう。
　これは1930年代にアメリカの物理学者が発見したもので，
　　"企業会計や人口，住所番号などの数字の最上位は「1」に偏り，
　　2〜9とふえるほど出現率が減る傾向がある。"
というもので，「1の偏りは30％程度」と高いという。
　このことは，やや常識的な事項と思われる。
　しかし，注目した点が優れているが，「入試センターの解答にそれがある」と東京理科大学の教授，院生が過去13年間の問題調査で発見した。
（2003年11月17日）

　それが右の表のもので，前ページの「1×」「1××」という卍文字のようなものは「十の位が1」「百の位が1」の意味である。

解答が最上位1
2桁のとき　$\frac{185}{458} \fallingdotseq 0.4039$
3桁のとき　$\frac{45}{86} \fallingdotseq 0.523$

　こういう傾向が発見されると，解答では，2桁，3桁とも"1"から始まる数を書くだけで，正解率が向上する，ということになり，入試問題としては望ましくない。つまり"あてずっぽう"（76ページ）でも有利となる。
　ここで偏りをなくすためデタラメにするのがよいが，人間が作るデタラメも偏り（関連問）が出るので，ふつう『乱数表』──乱数サイコロで作る──を使用した数字を使い，偏りをなくす工夫が必要であろう。

```
08 46 60 19 43    24 08 04 76 55    02 53 38 71 32
56 24 81 64 85    69 57 27 53 68    48 32 53 31 56
44 54 75 32 47    07 87 98 42 94    52 74 88 53 11
90 94 80 52 41    89 00 82 94 00    59 22 05 06 15
35 16 56 97 76    33 99 89 76 20    02 78 20 96 06

90 30 90 10 00    96 68 98 26 47    37 38 19 78 00
78 55 63 26 82    94 36 94 23 21    19 70 74 50 85
36 13 04 13 17    83 01 12 33 50    55 86 60 26 05
14 29 48 94 66    55 26 22 35 47    45 27 86 41 52
67 38 47 18 53    48 74 50 27 38    16 01 49 20 95

68 63 39 01    03 36 11 47 00    75 94 02 37 02
97 16 45 98 77    92 10 66 49 88    48 80 61 01 52
…………            …………            …………
```

乱数表（一部）

12 「大学入試センター試験」の公平度チェック方法？

大学受験のための大きな壁の1つ，「大学入試センター試験」では，約50～60万人が受験する社会的問題（行事）にもなっている。

毎年問題になるのが，
- 教科間
- 同教科内科目間
- 追試や再試問題
- 前年度

などの問題 難易差（得点差）

などである。

2004年度の主な科目の平均点は右のようで，科目間で差がある。

センターでは，これが少なくなる努力をしているが毎年どのような工夫がされているか。

関連問 新薬開発のおり，その効果判定（次ページ）では，『プラシーボ』が使用される。これはどんなものか。

2004年度最終結果

国語
- 国語Ⅰ・B　　114.15

地歴
- 世界史B　　61.47
- 日本史B　　56.52
- 地理B　　　62.11

公民
- 現代社会　　57.27
- 倫理　　　　69.87
- 政治・経済　61.49

数学
- 数学Ⅰ・A　　70.17
- 数学Ⅱ・B　　45.65

理科
- 物理ⅠB　　62.92
- 科学ⅠB　　54.30
- 地学ⅠB　　63.68
- 生物ⅠB　　62.67

外国語
- 英語　　　　130.11

（注）国語，英語は200点満点

一口に"差"と言っても意味あるもの(有意差)と気にしなくてもよい差とがある。

Ⅲ　社会の中の疑問"あれこれ"を解明

「基本ものさし」を使って解決
柔軟な発想　タイプⅦ●固定観念を取り除く

　すでに薬学界などで"新薬の開発"がおこなわれたとき，これの効果や薬害などについての人体実験が

　　実験群——新薬を使う治療
　　統制群——ふつうの治療

の２群についておこなわれている。

　このとき，統制群が「**基本ものさし**」となって実験群の変化を見る。

　大学入試センター試験の場合，

　　受験生や問題，時期

などの点で，毎年変化があり，難易差（得点差）がでるのがふつうである。

　ときには科目間で異常なほど差がでることもある。

――――――――――――――――
モニター役学生

１．現役東大１年生
　（２年前から他の国立
　　大１年生も加えている）
２．人数400人
３．文系，理系ほぼ半数
４．受験生と同時期に本試験と追試験を受ける（４日間）
５．１ヵ所の会場に集まり受験生と同じ時間割で問題を解く
６．他

（2004年）
――――――――――――――――

　これの判断，調整のために工夫されたのが，「**基本ものさし**」となる"モニター役学生"で，すでに同試験の前身（共通一次試験）当時から実施されている。方法など上の表のようである。

　これは入試は絶対という人々の「固定観念に対するチェック」といえるし，

　　○入試問題の科目間の難易差
　　○本試験中止（大地震など）のときの追試験　　｝などの点で有効である
　　○少人数のため採点結果が早く出る　　　　　　　　という。
　　○年度の違いや長期間の変化，傾向の把握

　この「基本ものさし」の考えは柔軟な発想に基づく方法といえよう。

13 "順番"で審査員の心理に影響がある？

スポーツの世界では，審査員の採点（感覚）によって成績が決められる種目が多い。
- 体操系　　○水泳高飛込み
- 空手の型　○フィギュア・スケート
………

これらは，できるだけ公平を期すため，審査員は 5 人か 7 人とし，最高，最低点を除いた残りの人の平均点を得点とする，ということが普通である。

それでも全ての審査がすんで全員への配点を調べると「右上がり」といったある傾向がみられるという。(つまり，だんだん甘くなる。)

右の国民審査を参考にして「初めの方は損で，後が得」の傾向というものを考えよ。

例 　**下表の A の場合**

（罷免否）　　　（罷免可）
52,621,779票　　4,139,583票

$$罷免可率 = \frac{4139583}{56761362}$$

$$≒ 0.0729295$$

$$≒ 7.29 (\%)$$

最高裁裁判官国民審査

裁判官名	罷免可率（％）	
A	7.29	
B	7.01	初め厳しい
C	7.14	最高
D	6.93	
E	6.97	
F	6.67	
G	6.71	中間安定
H	6.57	最低
I	6.89	締め

（中央選管発表より。氏名は伏す。2003年11月9日投票，約5600万人）

(注) 人数が多いので，0.1%でも差といえる。

関連問　少し前の話であるが，宝くじ発行の第一勧業銀行で，100万円以上の当選者1590人について，そのタイプを発表した。
「くじ運の良し悪し」を数学的に分析し，そのようなことがあるのか，考えよ。

Ⅲ　社会の中の疑問 "あれこれ"を解明

統計資料は「うのみ」にしない
柔軟な発想
タイプⅠ ●視点を転換する

　"公平な審査"ということで，私が関係したものを例に紹介しよう。

　『剣道場』は全国に2200道場（9地区）あり，毎年1月頃『全日本剣道道場連盟』主催による"少年・少女作文発表（弁論）会"が，地区毎に開催される。

　東京地区には100道場があり，小学生15〜20名，中学生5〜7名，の参加で審査委員5名の会である。

　——私は「講評委員」で10年間担当——

　公平のため右のような方法をとっていたので，あとあじが悪いことはなかった。

　採点では，まず共通理解による"尺度作り"（右）の必要を感じたものである。

　ここで話をもとに戻すと，国民審査では「実際には大部分の国民が裁判官を知らず適当に○，×をつけた」と想像される。（良いこととはいえないが，現実では——）すると罷免可率は，「初め厳しく，中間以降やさしく」という人間の心理が，その傾向を示していて，並び順の影響の例として，興味をもたせるものである。

　となると，「くじ運の良し悪し」よりは，名簿の並べ方，何かをやる順序の方が結果に影響を与えているように思われる。

　入社・採用の面接試験などの順も関係があろう。

（1995年1月23日，読売新聞）

1．審査観点項目と結果
(1)表現力　(2)内容　(3)姿勢・態度
　20点　　　30点　　　50点
2．共通の尺度作り
　最初の発表の子の採点後，一時休息し，採点尺度（共通理解）打ち合わせ
3．成績順位は委員による大差が生じなかった

〔参考〕2004年8月のアテネオリンピックで，「日本は過去最高の成績だったというが——」
東京大会からアテネ大会までの日本のメダル獲得数

年 大会	種目数	金	銀	銅	総数	順位	率(%)
64 東京	163	16	5	8	29	3	17.8
68 メキシコ	172	11	7	7	25	3	14.5
72 ミュンヘン	195	13	8	8	29	5	14.9
76 モントリオール	198	9	6	10	25	5	12.6
84 ロサンゼルス	221	10	8	14	32	7	14.5
88 ソウル	237	4	3	7	14	14	5.9
92 バルセロナ	257	8	8	11	22	17	8.6
96 アトランタ	271	3	6	5	14	23	5.2
00 シドニー	300	5	8	5	18	15	6.0
04 アテネ	301	⑯	⑨	⑫	㊲	5	12.3

単純比較は $\left(\dfrac{メダル数}{種目数}\right)$ を計算してみよ。過去6番目。
オカシイ！

14 くじ引きで決める『裁判員』"当選"は幸か，不幸か？

最近，「消費者センター」から区報などを通して『海外宝くじ』に関する注意が伝えられている。具体例として

"海外からのダイレクトメールが届き，「あなたはオーストラリアの宝くじ10億円に当選する権利を得たので，4千円の支払いとクレジットカード番号を記入し返送してください」とある。信用してよいか。"
といったものという。

申し込んだ覚えのない『海外宝くじ』に当選？？
(400万円相当の乗用車か，現金が当たりました。)

① 申し込んでいない。　② 「権利を得た」で"当たった"とはいっていない。
③ クレジットカード番号から勝手に引き落とされる。
④ 外国なので解約しにくい，など"うまい話"にひっかかることになる。

さて，話をこれと並べては申し訳ないが，現在，話題の「裁判員」制度では，
"20歳以上の有権者からくじ引きで選抜"とある。"本人の意思と関係なく"である。
よほどのことがないとことわれない。
（一生に一度選ばれるのは13人に1人の確率）
くじに当たるのは，幸か不幸か？

裁判員制度に裁判官も不安
最高裁会議で 地裁所長ら

陪審法廷（検事／陪席判事／裁判長／陪席判事／書記／弁護士席／被告人席／陳述台／陳述台／陪審員席／証人席／傍聴席）

関連問　2人のうち，1人が掃除をすることになり，くじを引くことになった。くじを先に引くのが得か，損か。

Ⅲ　社会の中の疑問 "あれこれ" を解明

柔軟な発想
"裁判"が身近なものになってきた
タイプ XVI ● 対立事項の一体化

　今回の制度は，「国民のさまざまな意見を司法制度に組み込む」ということが目的で，欧米の多くは刑事裁判に国民が参加している。

　わが国でも戦前，選ばれた国民が，被告の有罪，無罪を判断する『陪審制度』があった。

　裁判員制度についての調査で
　○実施に半数は賛成
　○自分がなることに62％が反対
という矛盾をはらんでいる。

罰　金

(1)　裁判員候補者に選ばれたので，○日，□裁判所へきてください。
　　こないと最高10万円の過料が課せられます。
(2)　"質問票"をもとに質問されるが，ウソの回答をすると罰金。
(3)　守秘義務に違反すると罰金。
　など

「国民参加の環境を」
裁判員制度　最高裁長官が訓示

　これは責任がある上，上のようないろいろな束縛(そくばく)があることによる。

　とはいえ，右に示すように，逆転判決があとを絶たないので，一層 "裁判員制度" の制定の早い成立がのぞまれるのである。くじに当たるのは幸といえないまでも，国民として協力する義務はあろう。

　その一方で，より客観的な『コンピュータ裁判』の研究も進められている。これは

(1)　法律家が膨大な知識，条文，判例などをコンピュータに入力しておく。
(2)　法律学者，情報工学者，数学者たちの開発チームによる推論機構。
(3)　事例をもとにコンピュータで客観的，法的判断を下す。

仙台高裁　逆転判決「自白信用できる」
元生徒7人に賠償命令

箱ブランコ訴訟
東京高裁「危険の予測可能」
原告少女が逆転敗訴

15 調査報告での"差と比" どちらが適当か？

東京都杉並区では，区内3警察署の犯罪発生状況報告によると，空き巣に限りパトロール効果は"昨年の発生件数が前年から525件少ない1186件と，約3割減だった"。

つまり，この場合

　　525件＝3割

となるが，どちらの方が犯罪が減少したという印象になるだろうか。

マスコミ（新聞社）では右のように"3割減"を採用した。

また都内の鉄道でのスリ被害は
　○昨年は同期の4倍近く
　○昨年は44件から126件増
と両方採用している。

それにしても，世の中では差と比を多用していることに注目したい。（117ページの日本のメダル例）

ところで右の天気ハズレ年間26日は，年の比では何％か。

関連問 　右上の「どちらの店に入る？」について答えよ。

どちらの店に入る？

全品2割引き

全品200円引き

製造業50社アンケート「導入」「検討」7割

昨年 空き巣が3割減

パトロール効果あり

厚生年金 2割未加入

晴れが雨・雨が晴れ 年間26日

要望相談8300件 4割職員出動

新聞記事では差と比を使い分けて表す

富士山の幅1センチ縮む

Ⅲ　社会の中の疑問"あれこれ"を解明

柔軟な発想

見えないものの数量化で比較
タイプⅩⅥ●対立事項の一体化

"まず数量化あり！"

歌手や俳優，タレントなど，長い間これらの評価は所属の事務所，評論家，マスコミたちが感覚で順位づけなどをしてきた。

ところが1967年小池聰行氏（故人，『オリコン』〔オリジナル・コンフィデンス社〕創設）は『市場調査』（マーケティング・リサーチ）で，市場での人気を測る指標のため，各種アンケートやレコードやブロマイドの売り上げなどをもとにして「人気の数量化」（つまり客観的順序づけ）に成功した。

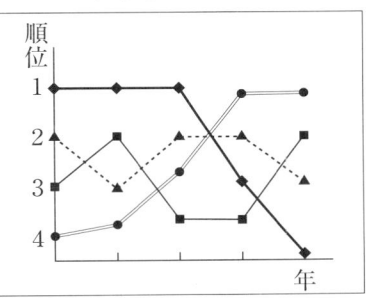

これは芸能界に大きな影響を与えた。

人間の心身関係（健康度など）の数量化のほか，小説・文学などの主観的な分野までも"読みやすさ"，"興味深さ"などというものが数量化されている現代，ほとんど数量化されないものはなくなっている。

さて，数量化されると，同種のものの比較で，"差と比"が登場してくる。

２つのものの"良し悪し"の比較で，その違いを差で表すか，比で表すか，でその印象が大きく異なることがある。

ある地域でこの１年間の交通事故死について，

　差──２名が１名になった。

　比──前年の５割減である。

二者の印象はずいぶん違うであろう。

さて，解答がおくれたが年間26日ある晴・雨の逆転は約7.1%。どっちを使う？

16 危ない地雷原！安全地帯はどこか？

ある国では戦争が終わったあとにも，地域によって地雷原がそのまま残されていて，村人たちは日々危険な思いをしている。

右はその1例で，A，B 2つの村を結ぶ国道ぞいに地雷原があり，C村から，A，Bの村へ行くのが危険である。

ただし，図のように，
　∠APB（=∠AP′B）=45°
の点P（P′）の外の地帯は安全という。

（つまり，立つ地点からA，B村が45°に見える範囲は安全。）

この安全地帯を図で示せ。

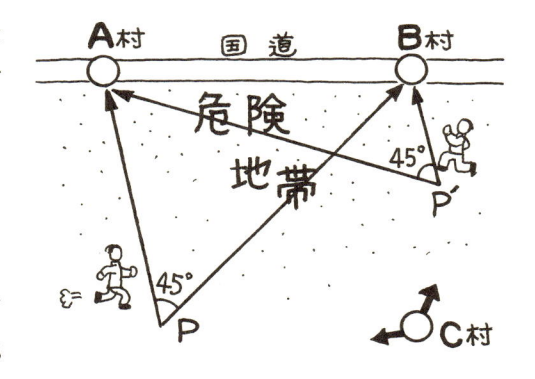

地雷の1つの形

関連問　上との間接的質問になるが——。

数学上では45°という角度は大きな働きをもっている。

また，日常・社会生活でも，しばしば登場する数である。

その例を挙げてみよ。

45°はスゴイ！

Ⅲ　社会の中の疑問 "あれこれ" を解明

特殊（45°）から一般化する

柔軟な発想　タイプⅡ　突飛な着想をする

　"地雷原"の問題は，「海岸付近の岩礁」や「湿地帯の深み」「繁華街の犯罪地」（防犯カメラの設置）など，戦時でなくても考えられ，利用できるものである。

　さて，安全地帯の作図は，右のように"45°を含む円弧"を画き，その外側が安全地帯とする。

　以上で解決であるが，中学3年生のこの作図や証明を忘れた人のために，もう少し詳しく解説することにしよう。

　右の図からわかるように，45°という特別な角なので興味をもてたら，下の一般の角

　　∠BAX＝∠BPA

を証明してみよ。

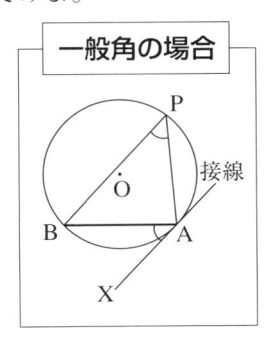

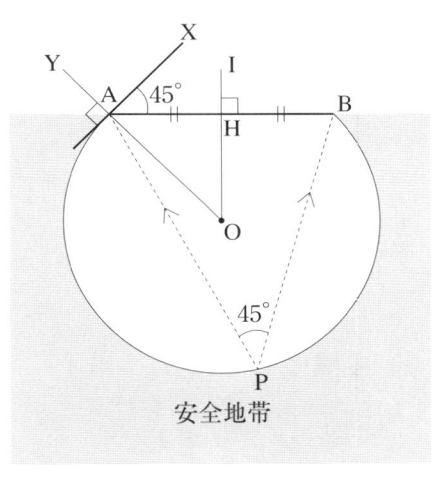

（作図）線分ABの垂直二等分線IHと∠XAB＝45°となるXAと垂直なYAとの交点をOとする。点Oは求める円の中心。

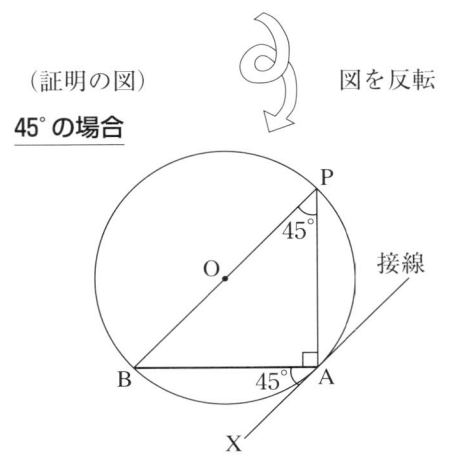

（証明の図）　　　図を反転

45°の場合

　　　　一般角の場合

123

17 豪華客船の「総トン数」とはどんなもの？

日本が豊かになり，海外旅行が盛んになって早数10年。近年は中・高年の夫婦やグループによる『クルーズ』が話題になっている。私もすでに「世界四大海運民族の客船」（ギリシア，イタリア，イギリス，日本）による旅行をしてきたが，下のよう

『飛鳥』と著者（大きさの比較）

で，大きさは様々であるが，"総トン数"はどうして決めているのか？

船名＼構造	総トン数	全長	最高速度	収容人数（内，乗組員）	室数
クイーン・メリー2世号（英）	15万	345m	30ノット	2620人（1253）	?
クイーン・エリザベス2世号（英）	7	296	32.5	1778（921）	949
コスタ・リビエラ（伊）	3	214	21	984（500）	?
飛鳥（日）	2.9	193	21	592（270）	296
ふじ丸（日）	2.3	167	21	600（120）	163
にっぽん丸（日）	2.2	167	21	532（190）	184
空母キティーホーク（米）	8.6	324	㊙	5000	艦載機80機

（注）● 墨塗り以外の船にはクルーズで乗船した。他にギリシア船，トルコ船の経験もある。
　　　● 日本郵船は『飛鳥』を2006年春引退させ，米国から現在の1.6倍のⅡ号を投入する。

関連問 クルーズで寄港できる"数学誕生地"にどのような都市があり，どのような数学を生んだかを述べよ。

Ⅲ　社会の中の疑問"あれこれ"を解明

縁遠い豪華客船への興味
タイプⅢ ● 無関係に目を向ける

柔軟な発想

　トランク，スーツケース，リュックなどの手荷物をもって，飛行機，船，バスなどで移動する海外旅行は大変である。そのためクルーズのもつ右の特徴から，中・高年の人たちにしだいに人気が上昇し，前年比24％増。そこで，「豪華客船の様子」に関心が向かっていくのである。

　さて，前ページの表からわかるように，客船によって総トン数が大きく異なる。

　"総トン数"とは船の大きさの単位で，
- 船舶の容積の合計に法令で定められた係数を掛けて計算したもの。
- このトンは重さの単位のものとは異なる。（語源は船の大きさを示す酒樽の積み数で，樽をたたく「タン」の音が転じたもの。）
- 入港税や港湾使用料などの算定基準として使われる。

（注）軍艦の大きさは「排水量」の単位を使う。これは船の重さで，

　　（船舶の吃水線から下の部分の容積）×（水の比重）

クルーズの特徴
- 10階建て前後の高層ビルに相当し日常生活で必要なものの全てがそろう。
- 毎日，移動のための荷物まとめの必要がない。
- 劇場などでのショーや歌，踊り，映画が見られるほか，工芸，手品などの教室もある。船長招待のときにフォーマルの会も。
- 港に着くとオプショナル・ツアーなどで，見学，ショッピング，グルメなど楽しめる。
- 終日クルーズのとき甲板でゆっくり過ごせる。など

発展話

　船の速さ"1ノット"とは，1時間に1海里（1852m）進む速さの単位で，30ノットでは時速約56kmである。

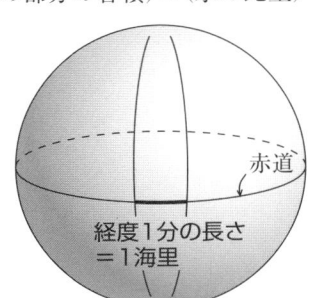

経度1分の長さ＝1海里　　赤道

甲板ゲーム
－シャフル・ボード－
（数の配列が「魔方陣」）

コラムⅢ　社会の中の『零和(ゼロワ)ゲーム』

　ある室内，たとえば会社の事務所，大衆食堂などで，「タバコを吸っていい気分になる人」に対して，「煙を吸わされて悪い気分になる人」がいる。

　このプラスとマイナスとで和が0になる，という数学的発想を『零和ゲーム』とよぶ。

（携帯電話も同類　本人によくて，周囲迷惑）

　これを具体例を交えて整理すると下のようになる。

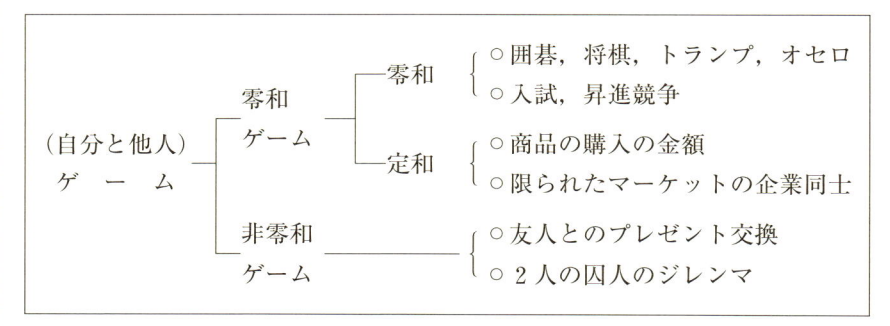

```
                      ┌─ 零和 ┬ ○囲碁，将棋，トランプ，オセロ
              ┌ 零和 ─┤       └ ○入試，昇進競争
              │ ゲーム│
(自分と他人)  │       └─ 定和 ┬ ○商品の購入の金額
  ゲーム   ──┤              └ ○限られたマーケットの企業同士
              │
              │ 非零和         ┬ ○友人とのプレゼント交換
              └ ゲーム ────────┤
                               └ ○2人の囚人のジレンマ
```

　以上，利害が対立するとき，「相手が得た分，自分が損する関係」を広く『零和ゲーム』という。相手があっても直接それほど関係ないのが『非零和ゲーム』であるが，いずれにせよ，対人関係で，"最悪の中で最良のものを選ぶ"という『ゲームの理論』(7ページ)の中の1つで，案外，日々の生活で体験する。

　よく，「ナンバー・ワンかオンリー・ワンか」といわれるが，ナンバー・ワンの方に関係がある問題である。

〔参考〕『名誉毀損(きそん)』問題で，謝罪広告を命じられた側が，憲法19条の「思想及び良心の自由」に反するとして争われたが，最高裁は「陳謝の意を表明する程度のものは」憲法に違反しない，と判断した。(2004年6月22日)

プライバシーか犯罪抑止か

Ⅲ　社会の中の疑問 "あれこれ" を解明

関連問の解答

[1]（92ページ）全部で25個，（1は入らない）
素数は無限にあることは，2300年前にユークリッドが次の方法で証明した。いま，有限として最大の素数をAとする。
$2 \times 3 + 1 = 7$
$2 \times 3 \times 5 + 1 = 31$
$2 \times 3 \times 5 \times 7 + 1 = 211$
$2 \times 3 \times 5 \times 7 \times 11 + 1 = 2311$
　………………
$2 \times 3 \times 5 \times 7 \times 11 \times \cdots \times A + 1 = P$
ですべての素数の積に1を加えたPは

Pを〈素数とするとAより大で矛盾
　　　非素数とするとPにはAより大の素数の約数が存在し矛盾

となり，いずれも矛盾が起きるので，素数は無限に存在することになる。
　（注）この証明法を背理法という。

[2]（94ページ）いま，正方形の1辺をxとすると，次の方程式ができる。
$\pi r^2 = x^2$
よって $x = \sqrt{\pi}\, r$　（負はとらない。）
しかし$\sqrt{\pi}$の長さは定木，コンパスで作図できないので，xを作図することは不可能。
計算上の近似値は$1.772\,r$。

[3]（96ページ）
$\begin{cases} 3x + 2y - z = 8 \cdots\cdots① \\ 5x - y + 2z = 15 \cdots\cdots② \\ 7x + 4y - 6z = 2 \cdots\cdots③ \end{cases}$

①＋②×2 より
　　$3x + 2y - z = 8$
　　$\underline{10x - 2y + 4z = 30}$（＋
　　$13x \qquad + 3z = 38 \cdots ④$

①×2 －③
　　$6x + 4y - 2z = 16$
　　$\underline{7x + 4y - 6z = 2}$（－
　　$-x \qquad + 4z = 14 \cdots ⑤$

④＋⑤×13
　　$13x + 3z = 38$
　　$\underline{-13x + 52z = 182}$（＋
　　$\qquad 55z = 220$
　　$\qquad z = 4$

よって　$x = 2$，$y = 3$，$z = 4$

[4]（98ページ）2カ所だと，いわゆるヤリクリができ，行列になることが少なく，倍以上の効果がある。
　（注）これも『窓口の理論』である。

[5]（100ページ）
いま，「0で割る計算」で
$a \div 0\ (a \neq 0)$，$0 \div 0$を考え，答えをxとすると次の結果となる。
$\underline{a \div 0 = x}$ より　$0x = a$ となり
　　このxは存在しない。（不能）
$\underline{0 \div 0 = x}$ より　$0x = 0$ となり，
　　　xはなんでもいい。（不定）
よって，「0で割ること」はダメ。

⑥ (102ページ)
いま、∠OAT ≠ ∠R（直角）とすると、OからTT′に垂線OHが引ける。するとOH<OAとなり、点Aに対称な点A′が作られTT′は割線になる。よってOA⊥TT′である。
（注）これも背理法による証明。

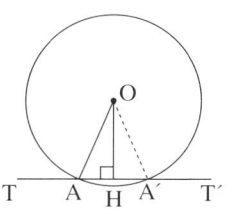

⑦ (104ページ) 税金や消費税、割引き商品などで、端数は「切り捨て」あるいは「四捨五入」で処理する。支払い関係では、「切り上げ」ということはまずない。

⑧ (106ページ) プラス、マイナス、イコール、グラフ、ゼロ、メートル、グラム、メジアン（中央値）、モード（最頻値）、ヒストグラム、パイ、パンタグラフ、など

⑨ (108ページ) 著者吉田光由が原稿をもって天竜寺の舜岳玄光に書名を依頼すると、玄光は「塵劫来事糸毫も隔てず」という句からとったという。

⑩ (110ページ) 『塵劫記』(108ページ)の「第36鼠算の事」に、正月1対の鼠が月末に6対の子を生み、これが12月末になると、276億8257万4202匹になる、とある。こうした猛烈な増加から、『ねずみ講』の名がつくという商法。上位会員は儲かるが、ほとんどの人は損をする。

⑪ (112ページ) 0～9がまんべんなく書き出されそうであるが、その人の好み、くせで片寄りがあり、数学上のデタラメ（無作為）にならない。

⑫ (114ページ) これは偽薬とよばれる。たとえば酔止めの新薬ができたとき、これを使用するグループと「薬」といってメリケン粉を与えたグループを比較し、効果のほどを調査するもの。

⑬ (116ページ) 下のようで、統計的に見ると常識的結果である。

100万円以上の当選者タイプ

項	性	男(72%)	女(28%)
	職業	社員	主婦
	年代	50歳	40歳
	星座	水がめ	天秤
	年間購入頻度	27回	23回
	イニシャル	T.T.	M.S.
	枚数	30枚以上	
	キャリア	30年以上	

⑭ (118ページ) 先、あとに関係なし。証明可能。

⑮ (120ページ) これだけの条件では何ともいえない。

⑯ (122ページ) ○野球でバットをふる ○刀で竹などを切る ○向かい風でのヨットの帆 ○大根おろしの刃の角度など(82ページ参考)

⑰ (124ページ)
○ギリシアのサモス島(幾何学)
○イタリアのクロトン、エレア(論理)
○ドイツのケーニヒスベルク(トポロジー)（現ロシア領カリーニングラード）
○スペインのバルセロナ(メートル法)
○イギリスのロンドン(統計)など

Ⅳ

この感動 あの興味 を"一探(さぐ)り"

2人の"数学カップ"魔術師、ピタゴラスとクラインだ

ピタゴラス・カップ

――世にも不思議なカップ――
途中から突如として水が抜けてしまうびっくり容器。

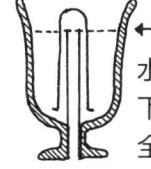

見取図　　断面図

←これ以上水が入ると下から水が全部出る。

クライン・ボトル

――無さそうで有る壺――
ボールのように面が閉じているのに,カップのように水が出入り自由という壺。

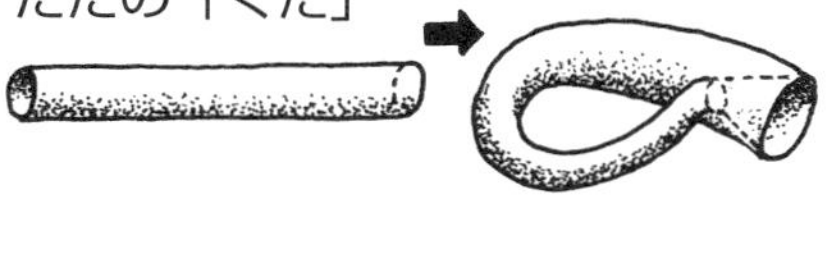

ただの「くだ」　→　差し込み両端を合わせる

1 天下の美形大橋の"幾何学美"を探る！

近年，土木建築技術が向上し，世界中に大橋が次々と完成している。私が旅行中に見た例でも右の写真の数々がある。

これらの大橋には"幾何学美"が見られるが，それを発見しよう。

また，橋脚（柱）相互は平行かどうか，も考えてみよう。

第1ボスポラス大橋（トルコ，イスタンブール）

上海大橋（中国，上海）

関連問 下は大橋のつりワイヤーの断面で，その中には太いピアノ線がビッシリと詰まっている。

これは右図のように中央から順に次の数列を作るが□をうめよ。

3，9，15，□，□，□……

〔参考〕わが国では『口遊(くちずさみ)』（970年）という本の中に「竹束問題」として，下の数列がとりあげられている。

（これは「茶ビン敷」などに利用。）

1，6，12，□，□，□……

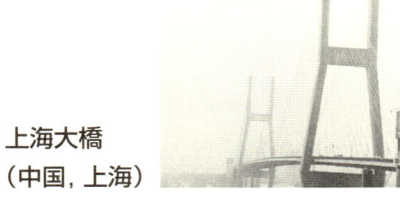

瀬戸大橋（日本，瀬戸内海）

つりワイヤーの断面

Ⅳ この感動，あの興味を"一探り"

長橋のもつ図形上の不思議
柔軟な発想
タイプⅠ ● 視点を転換する

外国旅行をすると世界中にいろいろな形の大橋が見られる。

とはいえ，瀬戸内海にある数々の橋は極めつきの美形といえよう。

「日本一周クルーズ」で瀬戸内海を通ると，次々とその"幾何学美"に接することができる。それは右の地図に示すような数々である。

さて，算数教科書では，"平面の定義"を「洗面器に入れた水の面」としているが，東京－横浜の巨大な洗面器を想定し，その水面を考えたらどうなるであろうか？

地球が球形なので"球面"となる。

そのことは右の絵で，大橋の橋脚が平行でなく，上にいくと開いていることがわかる。

この辺で『**ユークリッド幾何学**』にゆさぶりがくるのである。

（注）『球面幾何学』となる。

〔参考〕徳島県からの大鳴門橋から見下ろす満潮時の"渦潮"はなかなかの圧巻で，世界的にも有名。

立派な見学コースがある。

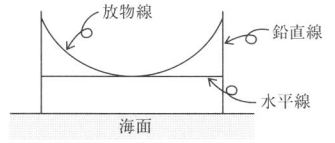

南備讃瀬戸大橋（極端図）

南塔　1100m+32mm　北塔
平均水位 186m　　　194m
中央支間 1100m
橋

観光橋（ガラス張り）下の渦潮

2 日本百名山の1つ"剱岳"標高の問題

　北アルプスの名峰"剱岳"では，「初測量100周年」(2007年)を控えた記念事業として，新技術を使った測量をするという。

　この"剱岳"は，国内で最も険しい山といわれるが，

　○1907年の初測量時　　2998m
　○1930年の再測量で　　3003m
　○1968年の航空写真
　　を使った測量で　　2998m

と測量のたびに標高に相違があり，今回記念事業で高精度の「全地球測位システム」(GPS)を初めて使用する。

　さて，「3000m峰の仲間入り」ができたとして，この山頂から地表を見下ろしたとき，視界はどこまであるか計算せよ。

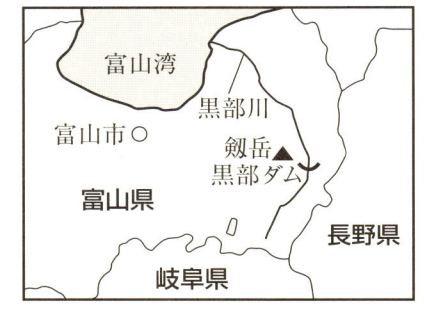

測量の基点"三角点"
(2004年9月16日，埋められた)

関連問　上の今回の測量では，標高の基準となる『三角点』の柱石を新たに頂上付近に置いた，という。
　　『三角点』と三角測量について説明せよ。

IV この感動，あの興味を"一探り"

柔軟な発想

実際はムリでも計算では可能
タイプX ● 空想的着眼

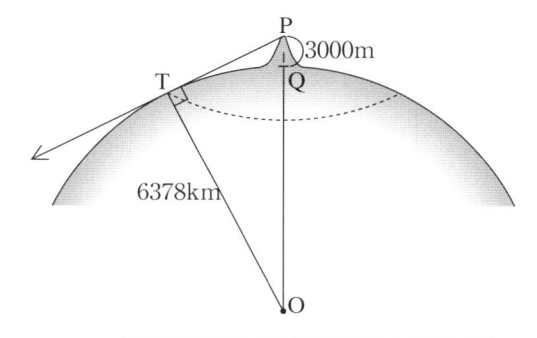

地球を球型(148ページ)と考え，右図のようにPから円Oへ接線PTを引くと，

三角形TOPは直角三角形になる。これより

$PT^2 = PO^2 - TO^2$

いま，地球の半径を r km，PQ＝h km とすると，上の式に代入すると

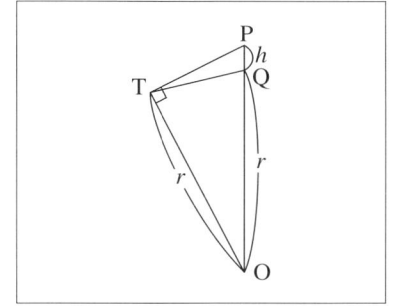

$PT^2 = (r+h)^2 - r^2$
$\quad\;\; = r^2 + 2hr + h^2 - r^2$
$\quad\;\; = h(2r+h)$

よって，

$\underline{PT = \sqrt{h(2r+h)}}$ （負はとらない）

さて，公式ができたところで"剱岳"の問題を解決しよう。

上の式で $h=3$, $r=6378$ を代入すると，

$PT = \sqrt{3(2 \times 6378 + 3)}$
$\quad\;\; ≒ 195.65$

答　195.65km

(注) 約200kmということになるが，実際は大気による光の屈折などで，これより6％程度遠くまで見えるという。

　　3776mの富士山からは約230kmが見える。

3 奇妙で有用の"絵文字"を楽しもう

　右の"絵文字"は，私が1991年に現メキシコのチチェン・イツァ（マヤの中心地）のマヤ遺跡を訪れたとき，この地の入場口に事務所があり，そこで希望者に「コンピュータを使用して描いてくれたマヤ文字」（有料10ドル）である。

　「希望する日をコンピュータでマヤ数字で表した」のだそうであるが，下の質問をヒントにして，絵文字の内容を想像せよ。

関連問　下の計算をすると，私がこの地を訪問した日は，"マヤ民族誕生"の何日後かがわかるという。

　計算して□を埋めよ。

```
  12 バクトゥン
  18 カトゥン
  18 トゥン
   5 ウイナル
  14 キン       (+
 ┌─────┐
 │     │ 日
 └─────┘
```

（注）
1 バクトゥン	$20^日 \times 18 \times 20^2$	
1 カトゥン	$20^日 \times 18 \times 20^1$	
1 トゥン	$20^日 \times 18 \times 20^0$	
1 ウイナル	$20^日$	
1 キン	$1^日$	

Ⅳ この感動，あの興味を"一探り"

柔軟な発想
絵文字には夢がある
タイプⅫ ●詩的な感性

マヤ絵文字は，漢字と似た構造で，前ページのものは，
「仲田紀夫がマヤを訪問した日は9日8月1991年で，この日はマヤ民族誕生から12バクトゥン，18カトゥン，……で □ 日にあたる。」
（8月9日は私の誕生日。）
という意味を示している。

さらに古い"絵文字"といえば古代エジプトにさかのぼることになろう。

右がその一部であるが，「基本絵文字」に，いくつかの絵文字が加えられ，漢字やマヤ文字の原型ともいえよう。

　　糸→緑→緊→繭　など

さて，この辺で現代の生活の中の絵文字に注目してみよう。

とりあえず，下の3点から例をあげたが，他からも収集してみてはどうか。

マヤ絵文字の基本型

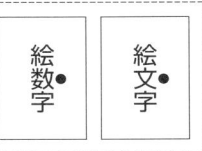

絵数字 ● 絵文字 ●

2つ1組で1文字
（漢字のように音と意味がある）
（例） 
⇒ 8 バクトゥン
　 14 カトゥン
　 3 トゥン

有名なエジプト絵文字

1.生活に便利な設備・仕様
- TVモニター付インターホン 
- BS, CS対応アンテナ設置 
- 低ホルムアルデヒド仕様（壁・天井・クロス） 
- 浴室乾燥機で雨の日でも洗濯物乾燥 

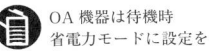

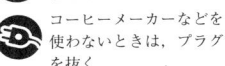

2.オフィスでの省エネ・節電
- 昼休みにはブラインドを上げ消灯を
- OA機器は待機時省電力モードに設定を
- コーヒーメーカーなどを使わないときは，プラグを抜く

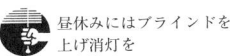

3.障害者用PIC
- 家族 
- 愛してる 
- 行く 
- 怒る

4 『不思議の国のアリス』の裏側(話)を探る

　世界，百数十カ国語に訳され，童話本の代表作のような『不思議の国のアリス』は，ルイス・キャロルによる1865年の著作である。

　この名はペンネームで，本名はチャールズ・ラドウィジ・ドジスン(1832～1898年)といい33歳の作者という。

　ドジスンはイギリスのオックス・フォード大学の最大カレッジ，クライスト・チャーチ校の教授で，同校のリデル牧師の子（3姉妹，10歳前後）に対して暇のとき近くの川でボートに乗せて遊ばせながら，楽しいお話をした。その話を土台，材料にしてまとめた本だといわれている。

　この教授の専門は何で，主役アリスはどこからつくられた名前か。

関連問　$(-2) \times (-3) = (+6)$ が，"借金を2回すると財産になる"は，一般人にとって不思議の代表であり，算数・数学の中には似た不思議が山ほどある。

　右もその例であるが，その不思議を解明せよ。

算数の中の"不思議"

① $2 \div 3 \times 3 = 1.999\cdots$　電卓計算

② $9 \times \dfrac{2}{3} = 6$　掛けて減る

③ $\dfrac{5}{7} \div \dfrac{2}{3} = \dfrac{5}{7} \times \dfrac{3}{2}$　ひっくり返して掛ける

Ⅳ この感動，あの興味を"一探り"

「数学好きは頭が固い」はウソ
タイプⅥ●常識を打破する

柔軟な発想

著者，チャールズ・ラドウィジ・ドジスン教授は，ナント！『数学』が専門。

しかも，最新数学の1つ『記号論理学』で，次の名著がある。

『Symbolic Logic』

『Game of Logic』

さらに，最先端の『ブール代数』にも関心をもっていたといわれる。この2つは文学に最も近い数学である。

（注）ブール代数は，イギリスの名門ケンブリッジ大学クィーンズ・カレッジの数学教授ブール（1815〜1864年）による創設である。

クライスト・チャーチ校

ボート遊びをした川

さて「アリス」の名であるが，Arthmetics（数学）からとったものと思われる。

〔参考〕

彼は『不思議の国のアリス』の初版本の1冊目をアリス少女に，2冊目をビクトリア女王と皇女に贈ったという。

『記号論理学』の土台

（論理）	（記号）	（例）
p ならば q	$p \to q$	晴れならば遠足
p かつ q (and)	$p \wedge q$	コーヒーかつケーキ
p または q (or)	$p \vee q$	勉強またはスポーツ
p でない (not)	$\overline{p}$	私は猿ではない
すべて（全称記号）(all)	$\forall$	すべての三角形
ある（存在記号）(exist)	$\exists$	ある数の倍数

5 パンドラの箱なのか『ブラック・ボックス』これを作り使う

　美女パンドラは，神の止めるのを聞かず，その箱のフタを開けたところ，"世の中の悪"が飛び出した，という。

　（最後に残ったのが「希望」。）

　以来，政治や戦争などで，止めた方がよいのにおこなったため社会が混乱状態に陥り，悲惨なことが生じるのを，「『パンドラの箱』を開けた」と比喩に用いられる。

　箱といえば，『舌切雀』の大小のつづらの童話などにも出てくるが，中味のわからない箱を『ブラック・ボックス』（暗箱）という。

　その例をあげよ。

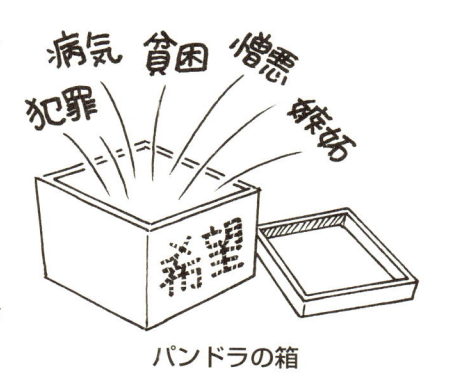

関連問　上の『ブラック・ボックス』で，x を 1，2，3 としたとき，$f(x)$ の値，つまり y が 1，3，5 となった。
　　　　箱の構造である $f(x)$ はどんな式か。

Ⅳ　この感動，あの興味を"一探り"

"箱"には魅力が詰まっている
柔軟な発想　タイプⅡ●突飛な着想をする

「箱のフタを開けたら，とんでもないものが出てきた」話は，外国から例をさがすまでもなく，日本の昔話にしばしば登場してくる。

『舌切雀』の物語では，悪いおばあさんは，欲ばりなので大小のつづらのうち，大の方を選んでもち帰り，フタを開けたら化け者たちが出てきたという『パンドラの箱』に似た話。

浦島太郎の竜宮からの土産『玉手箱』もよく考えられたもの，といえよう。

こうした"ビックリ箱作り"の一種に一時流行した『タイム・カプセル』がある。何十年，何百年の後世の人々が開けてビックリ，というわけだ。

さて，数学での『ブラック・ボックス』の考えは，17世紀にドイツのライプニッツによって創設された"関数"である。

この語は右のようにしてできているが，西洋数学を輸入し，自国語に訳した中国では，まさに函(箱)の語を当てた。

例として，比例，一次関数など。

(注)　戦前は日本でも"函"を用いたが，
　　　戦後の漢字制限で"関"とした。

『タイム・カプセル』
(大阪歴史博物館，大阪城内)
－大阪城の前庭に埋めたもの－

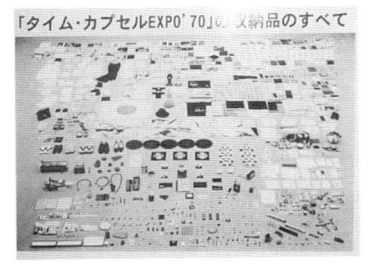

「タイム・カプセルEXPO'70」収納品のすべて

ファン
function（作用）
⇩
ファン
函　数－中国語
⇩
関　数－日本語

⑥ "最古級の鏡"その破片から元の大きさを求める

　もともとは盗掘品だった可能性のある骨董品が，「出土地不明でも研究価値大」として『考古学協会』で話題になった，という報道があった。
　「卑弥呼の鏡」とも呼ばれる『三角縁神獣鏡（かくぶちしんじゅうきょう）』の破片である。この種のものは500枚以上発見されているが，これは最も古い一群に入るという。
　さて，ここでは，考古学的追求ではなく，この破片から"原形の大きさ"に興味をもったのである。
　作図から，どのようにして，鏡の直径を求めたらよいか。

（2004年5月19日，朝日新聞）

関連問　右の3点A，B，Cで，たがいの点から等距離にある点を求めよ。

〔参考〕3人の友人が，「各自の家から等距離の場所で会う」としたときの地図上の点探し。

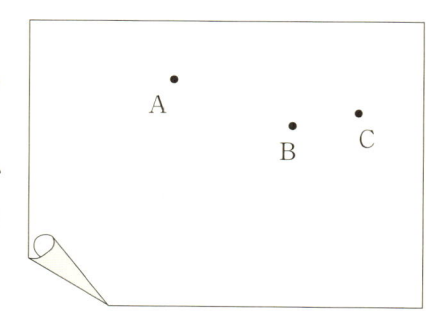

Ⅳ　この感動，あの興味を"一探り"

三角形のもつ不思議と利用

柔軟な発想

タイプⅩⅢ●逆思考への挑戦

古代の身の回り品や食器類などには円型のものが多い。

文化が進むとロクロなどの利用で一層正確なものが作られるようになるが，これらの破片の一部が見つかると，その全体の大きさを求められる場合が多い。

右上の図のように，円周上の3点をとり，（できるだけ離す）各2点を結ぶ線分の垂直二等分線の交点をとると，それがもとの円の中心となる。（半径は AP。）

この「3点によって1点が決まる」という図形の性質は種々の証明に利用できるほか，地震の震源地，違法電波の発信地などを求めるのに役立つ。

発展話

上から得られた点は「外心」という。外接円の中心の略で，三角形では右のように"五心"があり，図形の諸定理にかかわっている。

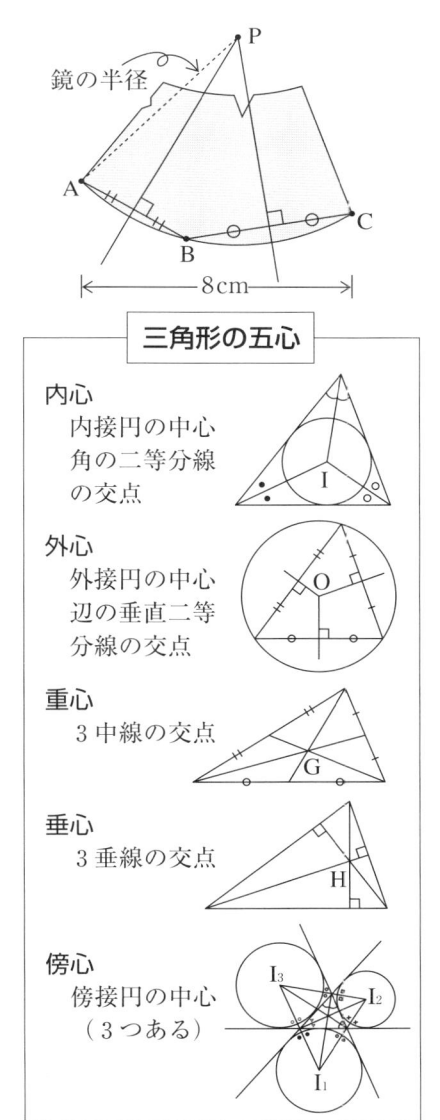

鏡の半径

三角形の五心

内心
　内接円の中心
　角の二等分線
　の交点

外心
　外接円の中心
　辺の垂直二等
　分線の交点

重心
　3中線の交点

垂心
　3垂線の交点

傍心
　傍接円の中心
　（3つある）

7 時代劇に欠かせぬ『虚無僧』の歴史と数学

右は時代劇のある場面を4コマ・マンガにしたものである。

甲は幕府の隠密侍
乙は反幕府の忍者
で，お互い未知。

たまたま山道で出会い，乙は『鉢返(はちがえし)』という曲を吹いた。

一方の甲は，ちょっと会釈したまますれ違ったとたん，乙は振り向きざまに尺八で甲を殴り殺したのである。

これは「虚無僧の社会」では認められることであるが，そのわけを考えよ。

関連問 古来から尺八稽古は先生と向き合い"口傳(くでん)"によっていた。

しかし，20世紀初め，上原六四郎氏が『音楽理論』（特に邦楽楽理）の研究をし，『記譜法』（音を記号化し譜にする）によって理論化した。さて，彼の職業（専門）は何か？

（注）口伝は主観，記譜は客観となる。右は"口傳"を記譜にしたもの。

鉢返　谷北無竹先生口傳

甲
ウーハー(イ)ハーチーウー。
ヒーフ引。ハー(イ)ハーチー
チウッ×(ツ)レーエーエー
チウールッー×(ツ)レーエーチ

『鉢返』曲の一部

IV　この感動，あの興味を"一探り"

"音"を楽譜にした数学者
柔軟な発想　タイプXII●詩的な感性

右にあるように，江戸幕府は浪人対策として，生活の保障を与えていたため，ニセ虚無僧もふえた。その防止策として，虚無僧同士が会ったとき身分確認として前ページの『鉢返』（この曲は本来，托鉢のときの御礼の曲）を吹き合う。

虚無僧の誕生と特権
○関ヶ原の戦い以後，浪人の中で尺八を吹く人が出る。 ○幕府は浪人対策として彼等に『慶長之掟書』の墨付きを与える。 ○托鉢の特権をもたす。 ○関所も通行自由，渡し舟も無料で，全国行脚（あんぎゃ）を許す。

（注）マンガの4段目「〇〇〇〇」の文字は"ニセモノ"が入る。

そのルールを知らない虚無僧はニセ者として殺してよいことになっている。

虚無僧の姿は，こも（天蓋）をかぶり，胸に"明暗"の文字の布を垂らしているが，この明暗は，京都の東福寺のほぼ中央にある塔頭善慧院の『明暗寺』による。ここは，唐代の禅僧「普化（ふけ）」を祖とする禅宗の一派で『普化宗』。ここの僧の虚無僧が吹笛修行として尺八を奏した。

右の写真で『尺八根本道場』とか『吹禅』の語はそれによる。

〔参考〕明暗流尺八から，後に琴古流，都山流，上田流などの尺八流派が誕生し，三味線，琴との三曲によって，修業から音楽へと進化（？）した。

尺八根本道場（明暗寺）

門前の「吹禅」の石碑

8 民族いろいろ 特性いろいろ，でおもしろい

"すべての道はローマに通じる。"で有名な古代ローマは，広大な領土を手にし，長期間，大文化・文明の中心民族として発展をした。たとえば，大道路，大水道橋，大建築，大浴場，大競技場，大野外劇場など数々の土木・建築術にすぐれていた。が，一方，ローマ民族は

○ ギリシア民族には知力
○ ゲルマン民族には体力
○ カルタゴ民族には経済力

でかなわぬ

と認めていたという。

このように民族間の違いを，何かにたとえていうことは昔からあったのである。

では，右の1.～5.の □ をうめよ。

大水道橋の遺跡（建築術）

世界で一番薄い本

○ アメリカの ［1.　　］
○ イギリスの ［2.　　］
○ イタリアの ［3.　　］
○ ド イ ツの ［4.　　］
○ ユ ダ ヤの ［5.　　］

ヒント：日本の ［外交本］

関連問 15世紀以降，ヨーロッパでは数学の大発展・大発見があったが，ゲルマン民族とラテン民族の貢献は大きい。
それぞれどのような数学を創案したか。

144

IV　この感動，あの興味を"一探り"

柔軟な発想
民族の違いをどう示すか
タイプⅪ ● 他からの刺激

前ページの解答（の1つ）は，右のようである。

そのほか，
　　イギリスのファッション本
　　イタリアのルール本
　　ドイツの冗句本
といった声もあるし，人間として
　　アメリカには哲学者
　　ドイツにはコメディアン　がいない。
　　日本にはプレイ・ボーイ
といったことも言われていて，おもしろい。

さて，右の"禁止"で"日本"はどうか？
（注）東京，大阪でも違うようである。

民族の違いの一番わかりやすい例は，同じおんどりの"鳴き声"に対する下に示すような"表現法"である。

どうにも不思議であろう。
　　イギリス——コッカァドゥードゥルドゥー
　　ド　イ　ツ——キケリキー
　　フランス——ココリコ
　　日　　　本——コケコッコー

1．美術史
2．料理本
3．戦勝記
4．ファッション本
5．職業倫理本

"禁止"と順守

○ドイツは禁止されていることは禁止。
○イタリアでは禁止されていることも許される。
○旧ソ連では許されていることも禁止される。
○イギリスでは禁止事項も許されていることもはっきりしない。
○日本は？

⑨ BOAC機，空中分解はどこで，その高度は？

　1966年3月5日，富士山付近を飛行中のBOAC機（英旅客機）が乱気流によって墜落した。

　冬の富士山があまりにも美しいので，"乗客へのサービス"で近づきすぎたという機長の判断ミスと報道された。

　この空中分解について，「高度いくら，どの位置の上空」ということが問題になり，研究者の数学的アイディアによって結論が得られた。

　それは，乗客の中の1人による，偶然「最後の瞬間まで8ミリ撮影機で写したフィルム」が発見されたことによる。

　この1コマには，右のように，山中湖とその付近が写されていたのである。

　さて，このフィルムを使用し，どのようにして高度，位置を求めたのであろうか。

関連問　合同，相似，アフィン変換（次ページ）の利用例をあげよ。

8ミリフィルムの1コマ

ウン，かっては8ミリ撮影機全盛だった。

Ⅳ この感動，あの興味を"一探り"

柔軟な発想
変換することで解決
タイプⅧ●場所，場面を変える

　1枚のフィルムに光を当て，その像をスクリーンに写すとき，

　A．光線　B．像を受ける面によって原図が違う形に"変換"されることは知っているであろう。

　右の4つの変換は，図形を学ぶ上での基本になっている。

　さて，墜落事故の調査委員の1人がこの"変換"の考えを利用することに着目した。

原図	A．光　　線	
	平行光線	点光源光線
B．像の平面　平行	合同変換	相似変換
平行でない	アフィン変換	射影変換

（注）○アフィンは擬似と訳される。
　　　○ゆれる水面に映った変形の月は位相変換という。

　つまり……，8ミリを写した人は，山中湖の真上から撮影した（相似変換）ではなく，上空斜めから写したフィルムである（射影変換）とし，右の図のような模型を作り，下のスクリーンを上下しながら，フィルムの図と相似形になる位置を探ったのである。

　相似になったところが，空中分解の高度と位置であると，結論づけ解決した。

　こうした柔軟な発想が，問題解決や新しい学問開発につながっていくのである。

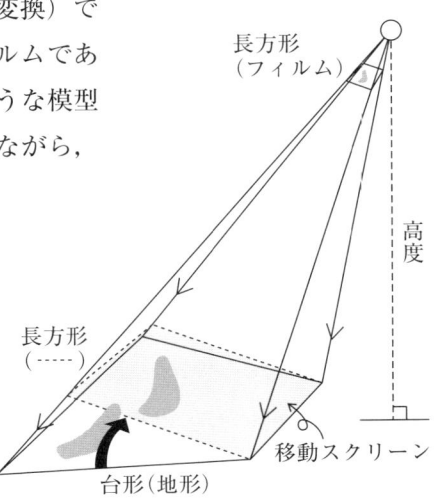

10 ゆがんだ凸凹地球を"完全球"と見ていいのか？

地球の大きさについてのデータをまとめてみよう。

$\begin{cases} 赤道半径\ a = 6378.388\text{km} \\ 極\ \ 半径\ b = 6356.912\text{km} \end{cases}$

扁平率 $c = \dfrac{a-b}{a} = $ ①

$\begin{cases} 赤道全周\ p = 40076.6\text{km} \\ 子午線全周\ q = 40009.2\text{km} \end{cases}$

周差率 $r = \dfrac{p-q}{p} = $ ②

また，地球の直径に対する高山8000mの比率 ③

以上①～③を求め，地球を"完全球"と見ることについて，「それは認められる」か，どうかを考えよ。

(注) 日本登山隊が世界初征服した「カンチェンジュンガ（8586m）3峰縦走」では8500m級である。

関連問 『メートル法』の長さの基準1メートルは緯度45°を基準として大体10°の間の子午線の距離の実測を基とすることとし，

（フランスのダンケルク）――（スペインのバルセロナ）

　　北緯51°2′15″.64　　　　　北緯41°22′47″.83

間を何回も三角測量した（その間フランス革命がある）。

そのあと結果をどうしたのか。

Ⅳ この感動, あの興味を"一探り"

大まかな見方も大切
柔軟な発想　タイプⅪ● 他からの刺激

　ラグビー・ボールのように偏球形にゆがんだ上, 球面上に大小の山があって凸凹状の地球を,「"完全な球"として考えることに不安がある」という人もいよう。

　とりわけ, 顔にニキビができ, 凸凹を気にしている中・高校生（私もかつて経験した）にとって"地球の凸凹"には関心があろう。

　前ページの①～③はその計算で, 結果は

　① 0.3367%　　② 0.168%　　③ $\frac{8}{12757}$ より 0.0627%

などで, ほとんどその値を無視してもよい少量といえる。

　つまり, 地球は"表面スルリの完全球"と考えてよい。

　で, これを利用し, 2300年も前に地球の周囲を測定した数学者, 地理学者, 大図書館長がいる。素数の見つけ方で有名なエラトステネスである。

　彼は, エジプトのナイル河ぞいにある都市アレキサンドリアとシェーネ（現アスワン）が, ほぼ同一子午線上にあるとし, 夏至の日, 太陽が深い井戸——「ナイル・メーター」という水位を測る施設——の底に映ったとき, 800km北のアレキサンドリアの高いオベリスク（記念塔）に対する太陽光線の傾きが7.2°あったことから,

$$800\text{km} \times \frac{360}{7.2} = 40000\text{km}$$

として, 約4万kmを得ている。

　まさに, 柔軟な発想によるものだ！

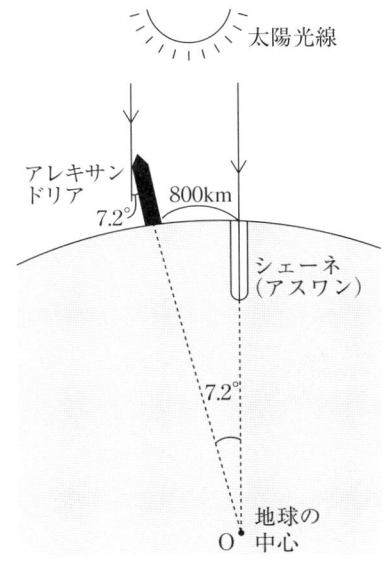

11 学問(理論)上は不可能でも技術的には可能な妙?

$\frac{1}{2}+\frac{1}{4}+\frac{1}{8}+\frac{1}{16}+\cdots\cdots$

上の計算は無限なのに,その答は"1"という有限。

数学の世界には結構不思議が多い。

右の例で,10cmは三等分できないのに,3つ折りピタリで封筒に入ってしまう。

さて,2400年来の『作図の三大難問』(94ページ)の1つ「任意の角の三等分」は

"定木,コンパスの有限回使用では作図不可能。"

が19世紀に証明された。

しかし,これは理論上のことで,右の器具によると作図は可能。

やってみよう。

この作図具をどう使ったらよいか。

$\frac{10^{cm}}{3} = 3.3333\cdots\cdots cm$

定規から目盛りをとったものが「定木」だゾ。

関連問 線分 AB は定木,コンパスで三等分できる。

AX を補助線として作図せよ。

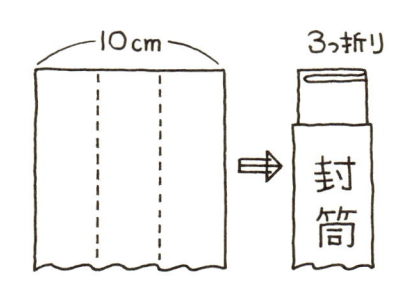

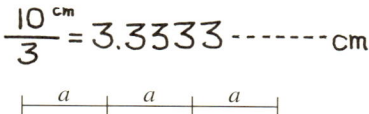

Ⅳ　この感動，あの興味を"一探り"

「できる」，「できない」の区別
柔軟な発想　タイプⅥ●常識を打破する

「任意の角の三等分問題」は，紀元前4世紀頃，ギリシアのソフィスト（詭弁学者）たちがまとめた『作図の三大難問』の1つである。他の2つは

○**立方倍積問題**（立方体の2倍の体積をもつ立方体の作図）

○**円積問題**（円の面積と等しい正方形の作図（94ページ））

（図1）

（図2）

これらの解決に2000余年間多くの幾何学者が挑戦したが，失敗に終わった。

しかもいずれも"作図不可能"が証明された。

一見，多くの無駄があったようであるが，これへの挑戦中に種々の新発見があり，努力は多少なりともむくわれたのである。

さて，任意の角の三等分は，前ページの変形T型定木を使い，上の図1のようにして正確に角が三等分される。（半円を上手に使う。）

さらに，図2にあるようにL型定木でも作図できることが知られている。厚紙でL型定木を作り実験してみよ。

（注）何にでも例外があるように，直角に限っては定木，コンパスで角の三等分が可能である。

右の図から作図法を工夫してみよ。

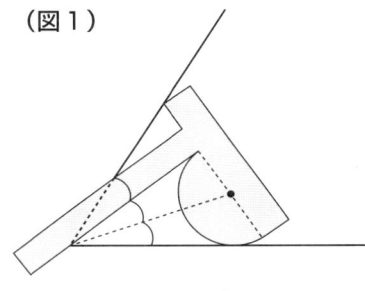

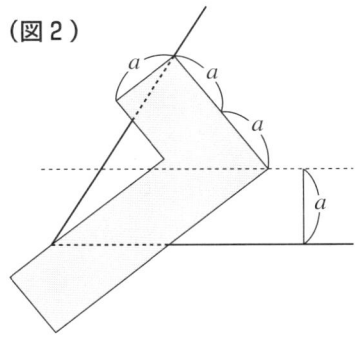

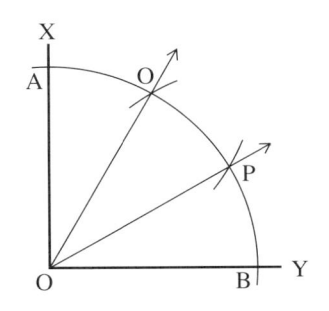

12 呼吸停止からの蘇生で, 知能回復のチェック

　私も長い間, 中・高・大学生の運動部練習や合宿稽古に付き合ってきて, とりわけ夏期に, 突如呼吸困難や意識不明になる生徒, 学生に何度か接してきた。

　幸い大事故になることはなかったが, 埼玉大剣道部の10年間の部長時代は, 夏期合宿と新入部員歓迎会（酒の一気飲み）は心配で緊張し続けたものである。

稽古中, バッタリ！

　最近, ごく親しい友人が, 夕方突如として"呼吸停止"が起き, 身内の心臓マッサージの初期手当と救急車内の処置がよく, 危うく一命をとり止めた。不幸中の幸いというか, "人間が死の直前から蘇生し, 平常生活までにもどる"のに, どのような変化, 過程があるか, をつぶさに観察する機会をもった。

　約1カ月間しばしばお見舞を兼ね, 意識的に質問し, その回復具合を見たが, 右は意識不明から10日後のものである。

　さて, 人間の回復は, どのような内容がどの順でおこなわれるか。

関連問　知能回復チェックでは算数が利用される。どのような内容についてか。

回復度調査（例）
(1) 自転車と自動車の共通点は？
(2) 「や」で始まる言葉をいえ。
(3) 100から6を順に5回引け。
(4) 山の名を5ついえ。
(5) 右の図と同じ形のものを描け。
（注）(3), (5)が算数。

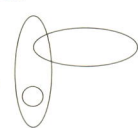

Ⅳ　この感動，あの興味を"一探り"

脳のことを脳で考えること
柔軟な発想
タイプⅩⅤ●別個の同一化

近年は，高度の機器を使い，医学，心理学，教育学などによる"学際的研究"で脳について調べられ，右のようなことが一般的に認められてきた。

しかし，現実には脳内の各部分でそれぞれの働き（たとえば脳下部の"線状帯とうつ病"など）があり，病気・事故などからの記憶回復も，起きた原因やその人の体力などで千差万別のようである。

	左脳	右脳	
	言語脳	イメージ脳	
（邦楽器音）－感情音－	デジタル **計算** 理性 論理力 （ストレス）	アナログ **図形** 感性 直観力 （リラックス）	－機械音－（西洋楽器音）

（注）社会の仕組みが左脳の機能を要求するため，年と共に左脳を酷使し，右脳を使わなくなっている。

病気・事故と記憶

○病気（心臓や脳関係）
○スポーツ（熱射・日射病の類）
○打撲（胸，頭の強打）
○飲酒（急性アルコール中毒）
○他（マインド・コントロール）

⟹記憶
（喪失→混沌
　→心神耗弱）

さて，私が観察した友人の場合，チェック事項と知能回復の順は前ページ関連問の解のようであり，算数・数学とのかかわりが深いことを感じた。

（注）①　拙著『ボケ防止と"知的能力向上！"数学快楽パズル』（黎明書房）
　　　②　現在痴呆症ではなく，認知症という。

痴呆の予防に計算や音読

153

13 「100メートル走」は練習次第 誰でも速くなれるか？

人間にとって"走る"ということは動物本能の1つであるが,

走る $\begin{cases} 短距離（チーター型） \\ 長距離（ハイエナ型） \end{cases}$

と大分類できる。

あなたは,どちらタイプか。

近年,老人パワー,老人力などといわれ,その事実がよくマスコミに報道され話題になるが,右(1)もその例である。

「100メートル走」を44秒68！

同日の新聞の別欄では,右(2)の見出し記事があった。

これについて,あなたはどう考えるか？

(1) **102歳走る** 100メートルの翌週5キロ完走

ドラマ「北の国から」の舞台にもなった北海道富良野市西麓郷に,すごいお年寄りがいる。102歳の現役ランナー大宮良平さんだ。北海道マスターズ陸上競技記録会で,100㍍44秒68の国内最高（100歳以上）を記録した。その7日後,マラソン大会で5㌔強を2年連続完走した。本人は「疲れがたまらん」と元気そのもので,18日には800㍍走に挑戦する。

(2004年7月5日,朝日新聞)

(2) **陸上男子100メートル 日本人は10秒切れるか**

関連問 社会常識では,運動神経や芸術（絵画,音楽,文学など）センスは先天的な才能と思われている。

では,『数学』は先天(遺伝)的か,後天(努力)的か？

Ⅳ　この感動，あの興味を"一探り"

人間の遺伝と環境のこと
柔軟な発想　タイプⅦ●固定観念を取り除く

"10秒の壁"

陸上男子100メートルでは，長い間このことがいわれ，目標とされたが，1968年6月アメリカのジム・ハインズが9秒9をマークしたがそれは手計時。同年メキシコ・オリンピックで電気計時で9秒95を記録し優勝。

この年，日本では飯島秀雄が電気計時で10秒34だった。続いて

　10秒00　　→　　10秒03
（1998年，伊東）　（2003年，末續）

（注）2003年までで9秒台記録は43人。内42人は黒人選手でアジア人は1人もいないという。

"100メートル走"は「すり足走法」（伊東）といった技術だけではどうにもならないのではないか？

〔参考〕一卵性双生児から見た遺伝性
　右はドイツにおける研究報告であるが，
　　○身長はほとんど遺伝的　┐
　　○知能などは環境的　　　┘という相異
　が示されている。（数は類似度。）

"100メートル走"では「速筋質」（遺伝）が必要とされ，"速い双生児"は2人とも速い記録をもっている。

男子100m世界記録と日本の記録

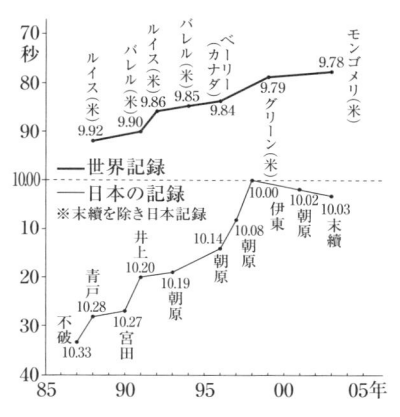

（グラフ：世界記録　ルイス（米）9.92、ルイス（米）9.90、バレル（米）9.86、ルイス（米）9.85、バレル（米）9.85、ベーリー（カナダ）9.84、グリーン（米）9.79、モンゴメリ（米）9.78／日本記録　不破10.33、青戸10.28、宮田10.27、井上10.20、朝原10.19、朝原10.14、朝原10.08、伊東10.00、朝原10.02、末續10.03）

日本人は体格，筋力の点で10秒を切るのはムリ。アテネ（第28回）でもダメだったネ。

分類 特性	同一 家庭	分離 成育
身長	0.981	0.969
体重	0.973	0.886
知能テスト	0.910	**0.670**
教育年齢	0.955	**0.507**

14 「負けたが，勝ち」という "かばい手"に軍配

　2004年7月11日，大相撲名古屋場所での「中日（なかび）の結び」。
　連勝の横綱朝青龍と36歳のベテラン琴ノ若の一戦では，右のような格好で結着がつき，行司は琴ノ若の手が早く土についたがこれは"かばい手"と見て，琴ノ若の方に軍配をあげた。
　そのとき「負け」となった朝青龍はブリッジ状態ながら体を土に着けていない。

（注）日本相撲協会の規定。
　「死に体」とは勝負を逆転する力を残していない状態。そこで攻めていた方が先に手をついたとき，相手が死に体なら「かばい手」で勝ちとなる。

　こうしたことから審判から"ものいい"がついたが，さて結果はどうなったか？

関連問　ふだんは算数・数学がよくできる子なのに，テストとなるとあわてて，つまらないミスをする，というものがいる。
　いま，その子が右のような答案を書いた。10点満点で何点をあげたらよいか。

ヒント：答欄でマイナスを書き落とす。

次の方程式を解け。
$3x + 1 = x - 5$

（解）移項して
$3x - x = -5 - 1$
$2x = -6$
$x = -3$
　　　答 3

IV　この感動，あの興味を"一探り"

"勝負の世界"の勝ち，負け
柔軟な発想　タイプⅪ●他からの刺激

　結末は"同体で取り直し"となった。

　審判団の意見では，「琴ノ若の手が着くのが早い」がほとんどという。しかしその頭の中で，"かばい手"と考えていたのが大勢のようであった。

　なにしろ朝青龍は完全に裏返し状態で，どう見ても"死に体"とみられたからである。

　ところが審判長の「朝青龍はあの体勢でも立てたと思う」という意見で，"同体"の結論を出した。（取り直し）

　私の想像では，その4日前に人気力士の高見盛が，相手に完全に後ろから抱かれ，万が

後ろから抱かれながら，あともどりして相手を土俵の外に押し出して勝つ。滅多にない技で幕内初の「後ろもたれ」という。

一にも勝てない状態で，背中から押し出し，勝ってしまった，という珍事があった。審判長はこのことが頭にあって，稽古十分の朝青龍なら「ブリッジ体勢（現力士ではできない，という）でも死に体ではない」と考えたのであろう。"他（4日前）からの刺激"の影響もあるものだ。

　相撲の世界では，

　　○負けたが勝ち──かばい手，送り足
　　○勝ったが負け──勇み足，とび足

など勝負の判定がある。

　相手をけがさせない，という思いやりに対するものもあり，西欧スポーツのように"反則しても勝つ"といった考えは元来日本の武道（格闘技）には存在しない。剣道，柔道なども然り！　で，この精神は残し続けたいものだ。

　数学で"勝ち，負け"を考えるものに『確率』と『ゲームの理論』がある。

15 禁じられていた"おとり捜査"が公認された！

アメリカなどの外国犯罪映画では，おおっぴらに"おとり捜査"の場面が展開され成果をあげているが，従来日本では禁止されていた。

これは近隣の人間関係を害することになり，他人を疑い続ける不健康な社会を作ることになるからであろう。

さて，この『おとり』の語源は，招鳥(おきとり)から生まれたもので，囮の文字が当てられている。そもそもが，鳥や獣をとらえるため，同類の鳥，獣を用いる方法で"ダマシ法"である。

おとり（囮）

○ ウグイス，メジロやキリギリスの雄の鳴き声で，雌を集める。
○ アユの友釣り。
○ 釣のルアー（lure，擬似餌）。
○ 戦略として「おとり部隊」を作り，敵をあざむく。

など

2012年の夏季大会　ＩＯＣ委員おとり取材

われわれの平凡な日常生活の中にも，このある種悪知恵を利用した「人を誘い寄せるために使う手段」があり，これを「〇〇をおとりにする」という。〇〇とは何か。

関連問　算数・数学の学習の中で"おとり"的発想を用いる場面を探してみよう。

とりわけ学習の理解度を見るテストなどで使用される。それはどのようなものか。

どれがAの囮か？

・A ・△ ・A
・∧ ・H ・A

Ⅳ この感動，あの興味を"一探り"

柔軟な発想

"おとり"の悪と善
タイプⅩⅤ●別個の同一化

薬物犯罪

おとり捜査、適法
最高裁が初めて明言

　わが国では最高裁の決定は絶対であり，"神の声"でもある。

　犯罪捜査では，長い間"おとり捜査"は違法とされてきたが，1953年に薬物犯罪捜査について最高裁判所で，「犯罪成立の要件や有責性，違法性は阻却されない。」との判断が示されてから51年後の2004年7月12日。「おとり捜査を行うことは任意捜査として許される。」という捜査の適法性が認められた。

　これは，イラン人が大麻樹脂を販売目的で所持したという裁判についての判決である。（麻薬取締官が買い手を装って交渉。）

　ただし，「薬物犯罪で，通常の捜査方法だけでは摘発が困難な場合」と条件はついている。つまり，それ以外の場合は憲法違反ということになるようである。

　さて，前ページの○○は「景品」である。

　街頭などで，景品を配り，話にさそわれてついていくと，高いふとんや化粧品などを買わされたりする。これぞ，"おとり"なのである。

　右上に示すように「騙しの手法」の一種であり，タダの品には気をつけよう。

騙しの手法：おとり／さくら／もどき品／にせもの売り／さぎ／…

16 『暗号』の 作製⇄解読 知恵比べ

盗聴できぬ暗号　光通信が可能に

　古くから，対敵用の内部連絡に，現代では会社，企業などの秘密保持といったことで『暗号』は人間社会の中では不可欠な連絡手段である。

　それだけに，その方法が次々に改良され続けているが，2004年7月「盗聴が原理的に不可能とされる『量子暗号』の通信速度を著しく上げる」方法が実用化されるのも間近，と発表された。

　こうした高度な暗号話はあととし，まずは素朴な"暗号解読"に挑戦してもらうことにしよう。

　下のAを鍵として，Bの文を読め。

A
```
R  OLEV  BLF
は　次の文になる。
I  LOVE  YOU
```

B
"TLLW　NLIMRMT"

（注）暗号は「サイン」として，スポーツ界などでも使用されている。

関連問　暗号作製では数学やそのアイディアの協力が古くからある。特に『乱数表』の使用が一般的であるが，素数も用いられる。
　　この「素数」は，いまから2300年も前にユークリッドが"無限に存在する"ことを証明している。（127ページ）
　　コンピュータ時代の現代では，素数をどのようにして求めているか。

Ⅳ　この感動，あの興味を"一探り"

一部の人同士の"秘密会話""暗号"とは…

柔軟な発想

タイプⅢ ● 無関係に目を向ける

まずは，暗号を解読してみよう。

"鍵"であるAの(基本)→(変換)の対応をよく見ると，26個のローマ文字の逆並びでできていることがわかる。

そこで手引表を作り，それをもとに，Bの問を変換すると，答が得られた。

ここの手引書が，高級暗号の『乱数表』，『換字表』などに相当する。

第2次世界大戦中，日本の暗号文がすべてアメリカ軍に解読されていたといい，これが敗戦の原因の1つといわれた。

平和時になっても"自衛隊スパイ事件"(1980年)とよばれるソ連スパイと通じた自衛隊元陸将補や現職尉官ら3人がいた。家宅捜査では，暗号受信用ラジオ，乱数表，タイムテーブル，換字表などの"暗号3種の神器"が発見されたという。

R　OLEV　BLF　　変換
↓　↓↓↓↓　↓↓↓
I　LOVE　YOU

手引表

基本	A	B	C	D	E	F	G
変換	Z	Y	X	W	V	U	T
基本	H	I	J	K	L	M	N
変換	S	R	Q	P	O	N	M
基本	O	P	Q	R	S	T	U
変換	L	K	J	I	H	G	F
基本	V	W	X	Y	Z		
変換	E	D	C	B	A		

(問)　TLLW　NLIMRMT
(答)　GOOD　MORNING

"産業スパイ"たちは，現在も暗号片手にインターネットなどで活躍中だ。

〔参考〕量子暗号通信。

量子力学を利用し，暗号の解読に必要な"鍵"を安全に送り送信・受信者が共有できる通信技術で，もし"鍵"が途中で盗聴されると，光子の状態が変化するので，すぐわかる仕掛けのもの。

17 ２進法利用ア・ラ・カルト 探してみよう

　江戸時代「江戸っ子」が遊んでいた錦絵（"当てもの遊び" 58ページのものと同種）が，新藤茂氏によって発見，解明されたという。読売新聞（2004年6月19日夕刊）の記事に基づいて紹介することにしよう。

　歌川国貞の錦絵『四季の目附絵』（4枚セットになっている）は，"錦絵の十二支の中から相手が選んだ1種類の干支（えと）をいい当てる" というもの。

順	冬	秋	夏	春	
1	0	0	0	1	子
2	0	0	1	0	丑
3	0	0	1	1	寅
4	0	1	0	0	卯
5	0	1	0	1	辰
6	0	1	1	0	巳
7	0	1	1	1	午
8	1	0	0	0	未
9	1	0	0	1	申
10	1	0	1	0	酉
11	1	0	1	1	戌
12	1	1	0	0	亥

冬秋夏春の4枚について，相手に「選んだ絵柄が，"彩色絵か墨絵か"」を聞き，それをヒントにいい当てるもので，その原理に上のような２進法の構造がある。錦絵は「冬秋夏春」の順で並べるが，たとえば，

　　"子" は，冬秋夏が墨絵で，春は彩色絵
　　"辰" は，冬夏が墨絵で，秋春は彩色絵　　などとなる。
　　"戌" は，秋だけが墨絵で，冬夏春は彩色絵

　以上から遊び方を想像してみよ。

（注）　さらに興味のある方は，東京理科大学発行の『理大　科学フォーラム』（2004年8月号）を参照。

カードⅠ	カードⅡ
子 寅 辰	丑 寅 巳
午 申 戌	午 酉 戌

カードⅢ	カードⅣ
卯 辰 巳	未 申 酉
午 亥	戌 亥

関連問　数学パズルの中にこれと似た『干支当て』がある。

　右の4枚のカードを順に示し，それぞれに「自分の干支が入っているか」をいわせて，その人の干支を当てるものである。使用方法をいえ。

　ヒント：カードⅠ～Ⅳは上の表で，順に春～冬の1の十二支を集めてある。

「イエス」「ノー」だけの世界
柔軟な発想　タイプXIII●逆思考への挑戦

IV　この感動，あの興味を"一探り"

古代天文・暦法民族のマヤでは，右のように●，━による2進法を用い，また近年の船舶，航空界で多用された『モールス信号』(通称トン・ツゥー)も2進法的発想（2つの記号だけ）のものである。

この単純な原理がコンピュータの構造である。電流が流れない0，流れる1と結びつき，現代の超能力発展へとなった。

しかも，この発想は遊びから各種実用までと，社会に広く利用されている。私が研究・観光旅行中に撮影したものなどのいくつかを紹介しよう。

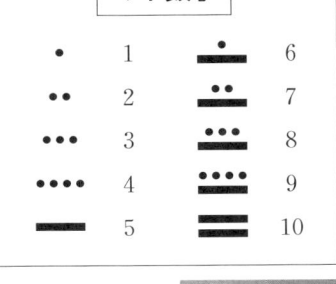

マヤ数字

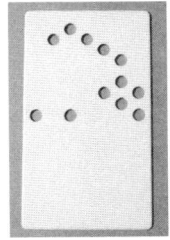

●　1	━　6
●●　2	●━　7
●●●　3	●●━　8
●●●●　4	●●●━　9
━　5	━━　10

銀行入り口の傘立て

ホテルの客室カギ

松島観光地の道路の音楽機
（カード型）

オルゴールの小さな博物館
（円盤型）

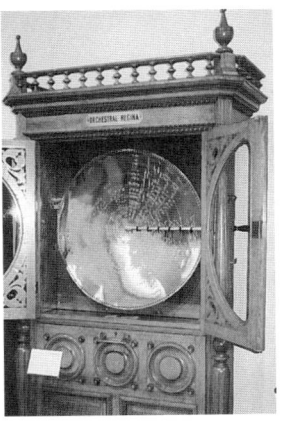

群馬の織物工場
（カード型）

コラムⅣ 交換用語あれこれ

「カレーライス」か「ライスカレー」か，ちまたでよく議論の対象になる交換用語である。さらに，

　　流しソーメン ⟷ ソーメン流し
　　縄　飛　び ⟷ 飛　び　縄

など身近にいろいろある。

数学でも例外なく"交換"が計算の基本として重要である。

加法，乗法は交換法則が成り立つが，減法，除法では成り立たない。

　　減法　$15 - 3 \neq 3 - 15$
　　除法　$8 \div 2 \neq 2 \div 8$

うっかり交換できない事例であろう。

この際，興味をもって"交換用語"を探してみよう。そしてその違いも考える。

　　論議 ── 議論　　社会 ── 会社
　　転機 ── 機転　　演出 ── 出演
　　法話 ── 話法　　弟子 ── 子弟
　　身心 ── 心身　　親近 ── 近親
　　家出 ── 出家　　タネ ── ネタ

まだまだある。探して楽しもう。

交換法則

加法　$a + b = b + a$
乗法　$a \times b = b \times a$

動作の交換

$\begin{pmatrix} 靴下を \\ はいて, \\ 靴をはく \end{pmatrix} \rightarrow \begin{pmatrix} 靴をは \\ いて, \\ 靴下をはく \end{pmatrix}$

落語

この壺は口がなくて底が抜けている。

── 上下の交換 ──

余談　カタカナ数学（7ページ）── 数ナカタカ学（仲田か？）　柔軟な発想か？

本書のしめくくり！　ヤッタネ。

Ⅳ　この感動，あの興味を"一探り"

関連問の解答

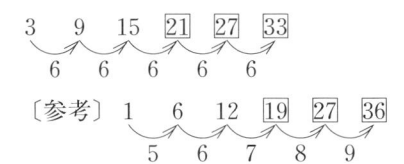

1̇ (130ページ)

3　9　15　21　27　33
　 6　6　6　6　6

〔参考〕1　6　12　19　27　36
　　　　 5　6　7　8　9

2̇ (132ページ) 測量基点として平地（やぐらを立てる），高地（山の頂上付近）に設けた点で，そこに"基石"を置く。これによる三角形の網目状でおおい，正確な地図作り，面積測定などをする。

3̇ (134ページ)

各単位の日数は次のようで

```
1バクトゥン = 144,000日
1カトゥン　 = 7,200日
1トゥン　　 = 360日
1ウイナル　 = 20日
1キン　　　 = 1日
```

これより印刷の日数は

12 バクトゥン
18　カトゥン
18　トゥン　　　これを365日で
 5　ウイナル　　割ると
14　　キン（＋　　約5,100年
1,864,194日

4̇ (136ページ) ①電卓計算は近似値の答であり2が正しい。
②掛け算の初期は累加なので必ずふえたが，考えを拡張した乗法では累加でないので，減ることもある。

③「ひっくり返して掛ける」は方法の話

$$\frac{5}{7} \div \frac{2}{3} \times 1 = \frac{5}{7} \div \underbrace{\frac{2}{3} \times \left(\frac{2}{3} \times \frac{3}{2}\right)}_{相殺}$$

$$= \frac{5}{7} \times \frac{3}{2}$$

と考えればよい。（別説明もある。）

5̇ (138ページ) 右下のようなのでいま，$y = ax + b$ とすると
$x = 2$，$y = 3$ のとき
　$3 = 2a + b$ ……①
$x = 3$，$y = 5$ のとき
　$5 = 3a + b$ ……②

x	y
1	1
2	3
3	5

①，②より $a = 2$，$b = -1$
　　よって　$y = 2x - 1$

6̇ (140ページ) 線分 AB，BC の垂直二等分線 l，m を求めその交点を O とすると，これが求める点である。

7̇ (142ページ) 上原六四郎（1848～1913年）は"虚洞"と号する尺八奏者で，本業は数学者。陸軍士官学校，東京高等師範学校，東京音楽学校の教授を歴任した邦楽理論家。

8̇ (144ページ)

ゲルマンとラテンは対照的で
ゲルマン系――計算記号，各種数表，
　　　　　　統計学，微分積分学

ラテン系——計量，確率論，幾何学
⑨ (146ページ)
合　同　変　換——印，印刷物
相　似　変　換——写真引伸し，コピー
アフィン変換——道路文字，看板
⑩ (148ページ) 測量は1792～1798年の7年間を要したが，途中フランス革命で中断したり，委員が交代したりした。距離は約1100km。地球の子午線の4千万分の1として，『メートル原器』を作った。
⑪ (150ページ)
まず半直線AXを適当な半径で等間隔に点P，Q，Rをとる。次にBとRを結び，Q，PからそれぞれRBに平行線QN，PMを引くと，M，Nが三等分点になる。
⑫ (152ページ) 次のような順という。
(1) 自分の氏名，年齢，生年月日，住所，電話番号——数，数字
(2) 買物の品名，それに関連の簡単な足し算（加法）や掛け算（乗法）——数計算
(3) いまいる場所の説明やものの図示——図形
(4) 少し前のことや昨日，あるいは過去のこと，人間関係などの回想，その正確さ——時間感覚

(5) 会話中でのユーモア，冗句，などの余裕（ほぼ，元にもどったと思える）
⑬ (154ページ) 小・中・高校における全教科中で，算数・数学が最も努力教科であることは，日，米，独各国の「双生児実証研究」であきらかになっている。
つまり，後天的教科といえる。
⑭ (156ページ) テストの種類による。
○ 指導途中なら　　9点　⎫
○ 中間・期末なら　5点　⎬ 私の考え（人により異なるであろう）
○ 入試なら　　　　0点　⎭
⑮ (158ページ) 次のような4択問題

下のうち正しい答に○をつけよ。
(1) $3a \times 2a$　　(2) $5x - x$
・$5a$　　　　　・4
・$5a^2$　　　　・5
・$6a$　　　　　・$4x$
・$6a^2$　　　　・$5x$

⑯ (160ページ) 素数の求め方はエラトステネスによる"篩"（ふるい）（シラミツブシ法，21ページ）でおこなわれた。2300年後の今日でも，超能力のコンピュータで「シラミツブシ法」でやっている。
⑰ (162ページ)
各カードは数値を右のようにもっている。いまある人が「カード

Ⅰ — 1　(2^0)
Ⅱ — 2　(2^1)
Ⅲ — 4　(2^2)
Ⅳ — 8　(2^3)

ⅡとⅣにある」といったら上表より $2 + 8 = 10$ これより干支の10番目「酉」となる。

著者紹介

仲田紀夫

1925年東京に生まれる。
東京高等師範学校数学科，東京教育大学教育学科卒業。（いずれも現在筑波大学）
（元）東京大学教育学部附属中学・高校教諭，東京大学・筑波大学・電気通信大学各講師。
（前）埼玉大学教育学部教授，埼玉大学附属中学校校長。
（現）『社会数学』学者，数学旅行作家として活躍。「日本数学教育学会」名誉会員。
「日本数学教育学会」会誌（11年間），学研「会報」，JTB広報誌などに旅行記を連載。

NHK教育テレビ「中学生の数学」(25年間)，NHK総合テレビ「どんなモンダイQてれび」(1年半)，「ひるのプレゼント」(1週間)，文化放送ラジオ「数学ジョッキー」(半年間)，NHK『ラジオ談話室』(5日間)，『ラジオ深夜便』「こころの時代」(2回)などに出演。1988年中国・北京で講演，2005年ギリシア・アテネの私立中学校で授業する。2007年テレビBSジャパン『藤原紀香，インドへ』で共演。

主な著書：『おもしろい確率』(日本実業出版社)，『人間社会と数学』Ⅰ・Ⅱ（法政大学出版局)，正・続『数学物語』(NHK出版)，『数学トリック』『無限の不思議』『マンガおはなし数学史』『算数パズル「出しっこ問題」』(講談社)，『ひらめきパズル』上・下『数学ロマン紀行』1～3（日科技連)，『数学のドレミファ』1～10『世界数学遺産ミステリー』1～5『パズルで学ぶ21世紀の常識数学』1～3『授業で教えて欲しかった数学』1～5『若い先生に伝える仲田紀夫の算数・数学授業術』『クルーズで数学しよう』『道志洋博士のおもしろ数学再挑戦』1～4『"疑問"に即座に答える算数・数学学習小事(辞)典』(黎明書房)，『数学ルーツ探訪シリーズ』全8巻（東宛社)，『頭がやわらかくなる数学歳時記』『読むだけで頭がよくなる数のパズル』(三笠書房) 他。
上記の内，40冊余が韓国，中国，台湾，香港，フランス，タイなどで翻訳。

趣味は剣道(7段)，弓道(2段)，草月流華道(1級師範)，尺八道(都山流・明暗流)，墨絵。

本当は学校で学びたかった数学68の発想

2005年6月25日　初版発行
2012年3月1日　3刷発行

著　者	仲田　紀夫
発行者	武馬久仁裕
印　刷	大阪書籍印刷株式会社
製　本	大阪書籍印刷株式会社

発　行　所　　　　株式会社　黎明書房

〒460-0002 名古屋市中区丸の内3-6-27 EBSビル ☎052-962-3045
　　　　　　FAX052-951-9065　振替・00880-1-59001
〒101-0051　東京連絡所・千代田区神田神保町1-32-2
　　　　　　南部ビル302号　　　　　☎03-3268-3470

落丁本・乱丁本はお取替します。　　　　ISBN978-4-654-08215-5
　　Ⓒ N. Nakada 2005, Printed in Japan

仲田紀夫著
授業で教えて欲しかった数学（全5巻）
学校で習わなかった面白くて役立つ数学を満載！

A5・168頁　1800円
① 恥ずかしくて聞けない数学64の疑問
疑問の64（無視）は，後悔のもと！　日ごろ大人も子どもも不思議に思いながら聞けないでいる数学上の疑問に道志洋数学博士が明快に答える。

A5・168頁　1800円
② パズルで磨く数学センス65の底力
65（無意）味な勉強は，もうやめよう！　天気予報，降水確率，選挙の出口調査，誤差，一筆描きなどを例に数学センスの働かせ方を楽しく語る65話。

A5・172頁　1800円
③ 思わず教えたくなる数学66の神秘
66（ムム）！おぬし数学ができるな！　「8が抜けたら一色になる12345679×9」「定木，コンパスで一次方程式を解く」など，神秘に満ちた数学の世界に案内。

A5・168頁　1800円
④ 意外に役立つ数学67の発見
もう「学ぶ67（ムナ）しさ」がなくなる！　数学を日常生活，社会生活に役立たせるための着眼点を，道志洋数学博士が伝授。意外に役立つ図形と証明の話／他

仲田紀夫著　　　　　　　　　　　　　　　A5・130頁　1800円
ボケ防止と"知的能力向上"！　数学快楽パズル
サビついた脳細胞を活性化させるには数学エキスたっぷりのパズルが最高。""ネズミ講"で儲ける法」「"くじ引き"有利は後か先か」など，48種の快楽パズル。

仲田紀夫著　　　　　　　　　　　　　　　A5・152頁　1800円
道志洋博士のタイム・トラベル数学史
バーチャル・リアリティーの世界　計算，幾何，関数，統計，確率から最新のC.G.まで，その誕生・発展の歴史を道志洋数学博士がタイム・マシンで探訪する。

表示価格は本体価格です。別途消費税がかかります。